不可思议的记忆秘诀

胡嘉桦 胡嘉臻 著

中国纺织出版社有限公司

内 容 提 要

人们经常认为自己的记忆力不够好，在面对记忆难题时束手无策，不知从何下手。殊不知，记忆有着其独特的规律和方法，只要掌握和运用这些技巧，就可以让我们的记忆力发挥出不可思议的效用，在短时间内记住大量的信息。无论是成千上万的数字、五颜六色的图形，还是密密麻麻的文字，都能高效记忆。在这本书中，作者使用了通俗易懂的话语，讲述了一个个生动有趣的记忆技巧和练习方法，并引领我们打造属于自己的充满想象的梦幻世界，以此来锻炼我们的大脑，激发我们的记忆潜能，令我们的记忆能力一步步地得到提高，最终使我们成为勇于直面记忆的记忆高手。

图书在版编目（CIP）数据

不可思议的记忆秘诀 / 胡嘉桦，胡嘉臻著. -- 北京：中国纺织出版社有限公司，2022.6
ISBN 978-7-5180-9481-3

Ⅰ. ①不… Ⅱ. ①胡… ②胡… Ⅲ. ①记忆术—通俗读物 Ⅳ. ①B842.3-49

中国版本图书馆CIP数据核字（2022）第059431号

责任编辑：郝珊珊　　责任校对：高　涵　　责任印制：储志伟

中国纺织出版社有限公司出版发行
地址：北京市朝阳区百子湾东里A407号楼　邮政编码：100124
销售电话：010—67004422　传真：010—87155801
http://www.c-textilep.com
中国纺织出版社天猫旗舰店
官方微博 http://weibo.com/2119887771
唐山玺诚印务有限公司印刷　各地新华书店经销
2022年6月第1版第1次印刷
开本：710×1000　1/16　印张：14
字数：212千字　定价：78.00元

凡购本书，如有缺页、倒页、脱页，由本社图书营销中心调换

重磅推荐

👍 胡老师不仅是非常优秀的竞技选手，也是一位幽默风趣的老师。他对记忆方法的感悟不仅有深度，还有广度。他沉淀多年，此刻倾囊相授。赶紧来阅读，开启记忆世界吧。

——邹璐建

2017WMSC世界记忆锦标赛中国总冠军

CCTV《挑战不可能》年度选手

WMSC快速扑克牌世界纪录保持者

👍 胡嘉桦作为国内顶尖的世界记忆大师，在这本书里分享了他很多的记忆心得和体会，记载了世界记忆锦标赛十个项目的训练方法，帮助你从一个记忆小白成为打破中国纪录乃至世界纪录的顶尖记忆高手。相信大家看完这本书之后，会得到很多的启迪。

——甘考源

国际特级记忆大师

2017WMSC亚太记忆公开赛亚军

CCTV《挑战不可能》第五季选手

👍 世界记忆锦标赛作为全球影响力最大的记忆赛事，培养了很多记忆大师，也为近些年热播的《挑战不可能》和《最强大脑》等节目输送了非常多优秀的记忆选手。胡嘉桦是其中的佼佼者。这本书是市面上少有的系统讲述如何成为记忆大师的书，里面的方法是你成为记忆大师的加速器。

——张颖

国际特级记忆大师

CCTV《挑战不可能》荣誉殿堂选手

👍 阅读本书，在作者的带领下，读者可以了解记忆的奥秘并学习记忆方法，还可以系统了解记忆比赛的全过程。想要参加比赛，有志于获得世界记忆大师荣誉的朋友可以阅读本书，学习记忆比赛的项目和记忆技巧，从记忆大师的亲身经历中感受赛场的氛围。好好加油，让自己成为下一个记忆大师！

——苏泽河

WMSC世界记忆冠军

江苏卫视《最强大脑》名人堂选手

👍 嘉桦参加记忆大赛特别早，也有天赋，成绩不俗，如果沿比赛的道路走下去一定会成为中国最顶尖的选手之一，可惜早早地退出了赛场。好在他把自己的深入研究和经验方法融入本书，如果你也想成为记忆高手，不妨一试！

——石彬彬

2017WMSC世界记忆锦标赛全场总亚军

WMSC中国记忆冠军

CCTV《挑战不可能》明星选手

👍 嘉桦是一位非常优秀的记忆选手。他还在读高中的时候，我们就已经在赛场上认识了。嘉桦这么多年比赛的经验、成绩都累积在本书中，相信对于对记忆感兴趣的人来说，尤其是竞技型选手，这本书是非常有价值的。

——谢超东

世界记忆大师

江苏卫视《最强大脑》第四季选手

👍 这本书不花哨、不空泛，只是专注于分享从记忆方法到参赛经验的点点滴滴。也正是这些干货使作者成为近十年来中国最好的记忆选手之一。

——方彦卿

特级记忆大师

2021WMSC亚洲记忆运动会成人组总冠军

2021G.A.M.A.世界记忆巡回站（中国）总亚军

👍 市面上教授记忆的书籍多不胜数，可包含如此多实战经验和其他高手训练经验的竞技类记忆书籍并不多见。诚意推荐给想学习记忆术而又不想多走冤枉路的人。

——方子杰

全球记忆运动联盟执行主席

CCTV《挑战不可能》第三季选手

👍 这本书让你一窥世界顶尖记忆高手的训练技巧，教你如何控制好心态和状态来应付每一场挑战。要知道，技巧是容易学的，但心态和状态才是决定你能否成为下一位记忆大师的关键。看完本书，你将会对自己的记忆力有全新的认识。

——陈征铒

马来西亚记忆协会会长

👍 认识胡嘉桦多年，他带给我的感觉就是"坚持不懈"与"善于总结"。他多年来积极参加大大小小的记忆比赛，即使一开始成绩并不显著，但凭着不断钻研、突破自我地寻求进步的毅力，终于成为世界记忆大师，并赢得众多记忆比赛冠军。无论是在学习记忆法上，还是参与记忆比赛的过程中，他都会把握机会与不同选手交流。通过总结自身及交流得来的经验，他建立了一套独特的记忆训练系统。同时，结合理论与实践，他手把手培训出多位记忆选手，帮助不少学生提升了记忆力。这本书是他一步一个脚印、厚积薄发的成果,相信会为读者带来满满的干货。

——马冠聪

世界记忆大师

WMSC中国澳门记忆公开赛澳门组总冠军

G.A.M.A.世界记忆巡回赛(澳门站)澳门组总冠军

👍 这是一本记忆训练手册,它包含全方位又超详细的教学,无论是小白还是大神都会在阅读后有很多收获。如果你还不知道怎么入门记忆术,又或者记忆训练遇到瓶颈,相信这本书会开启你新的视野。

——何俊霖

世界记忆大师

2017WMSC中国台湾记忆公开赛全场总冠军

13项台湾记忆纪录保持者

前 言

自1991年世界记忆锦标赛诞生以来，至今已有三十余年光景。在此期间，记忆法和记忆比赛以肉眼可见的速度在全世界快速推广开来。特别是相关综艺节目兴起之后，记忆法越来越频繁地出现在人们的眼前。笔者本人也是通过电视综艺节目认识了记忆法，从此开始与记忆法结缘，一路目睹着记忆法在国内的发展。

记忆法在国内的推广过程中，逐渐分为实用记忆和竞技记忆两条分支。顾名思义，实用记忆是指通过学习相关的记忆方法论，提高学习者在日常生活中的记忆效果和效率。竞技记忆则是通过系统地锻炼，提高学习者对记忆技巧的掌握，有针对性地提高某些特定记忆项目的记忆能力，以此在记忆比赛上获得更优异的成绩。相较于百花齐放的实用记忆，竞技记忆目前面临着训练体系不完整、竞技水平差距大、训练教材缺乏等问题。

笔者自2015年首次参赛以来，至今已经连续7年参加大大小小的记忆比赛，是国内连续参赛年限最长的选手之一。在目睹了国内竞技记忆推广的不足之后，笔者决定将自己过往训练、参赛以及教学的经验以文字的方式记录下来，希望能为后来的学习者提供相关的信息，让大众感受到竞技记忆的魅力，从而推动竞技记忆在国内的良性发展。

由于每位选手在训练的过程中都会有自己独特的心得和技巧，笔者书中所讲述的方法，特别是细节的处理上，也会或多或少与其他选手有些许差别。读者在使用该书时，勿全然按照书中所述进行训练，要依据自身情况选择和调整自己的训练方法，使记忆方法更符合自身的习惯，最大限度地提高自己的记忆效率。

本书中除了记载笔者自身的记忆训练体系及方法外，还拓展了诸如大赛介绍、比赛心态、国内外各类记忆方法简介等诸多信息，使学习者能够对竞技记忆发展的来龙去脉有更全面的认知。但限于笔者实际水平和认识能力有限，本书不可避免地会出现错误和遗漏之处。在此，笔者报以最高的歉意，欢迎各位读者批评指正。

胡嘉桦

2022年1月

目 录

第一章　记忆法与记忆比赛 ································ 001
  第一节　记忆法 ·· 002
  第二节　记忆比赛 ··· 006

第二章　基础记忆训练 ·· 017
  第一节　想象力训练 ·· 018
  第二节　数字记忆 ··· 034
  第三节　扑克牌记忆 ·· 054
  第四节　打造记忆宫殿 ··· 070

第三章　竞技记忆项目 ·· 083
  第一节　比赛规则 ··· 084
  第二节　人名头像 ··· 088
  第三节　随机图形 ··· 104
  第四节　快速数字 ··· 112
  第五节　快速扑克牌 ·· 121
  第六节　随机词汇 ··· 130
  第七节　虚拟历史事件 ··· 141
  第八节　听记数字 ··· 149
  第九节　二进制数字 ·· 154
  第十节　马拉松数字 ·· 163

第十一节　马拉松扑克 ······················· 170
　　　第十二节　其他记忆系统 ····················· 179

第四章　训练心得 ······························· **185**
　　　第一节　训练流程 ························· 186
　　　第二节　团体集训 ························· 188
　　　第三节　选手采访 ························· 188

第五章　比赛心得 ······························· **197**
　　　第一节　赛前准备 ························· 198
　　　第二节　比赛阶段 ························· 202
　　　第三节　赛后阶段 ························· 205
　　　第四节　比赛局势和策略 ··················· 206

写在最后 ······································· 209

第一章
记忆法与记忆比赛

记忆法是人们进行记忆行为时所使用的信息加工技巧，记忆比赛并不仅是对记忆能力的考验，更是对心理素质、战略安排、饮食作息的综合考验。

第一节　记忆法

◎记忆法的定义

记忆法是我们进行记忆行为时所使用的信息加工技巧。每个人在记忆的时候，都会有自己的习惯和方法，记忆法就是将这些方法系统性地整合、编制而形成的。记忆法不是一种特定的方法，而是记忆方法的合集。记忆法本质上是通过信息加工使所要记忆的信息内部建立更为稳定、深刻的联系，使所要记忆的信息与自己原有的知识建立强有力的联系。

◎常见的记忆方法

（一）口诀法

口诀法是从要记忆的信息中提取适当的关键词，形成朗朗上口的、有逻辑的口诀，建立起信息之间的联系，从而提高记忆效率的方法。

例子：

教学原则

（1）科学性与思想性相结合原则

（2）理论与实践相结合原则

（3）启发性原则

（4）直观性原则

（5）循序渐进原则

（6）巩固性原则

（7）发展性原则

（8）因材施教原则

若我们要记忆教学的八项原则，在阅读和理解各个原则的含义之后，首先要提取有代表性的关键字，其次要巧妙运用谐音并调整这些关键词的顺序，使之形成流畅的句子或短句。

在上述的例子中，我们选定的关键字是：理、科、启、观、进、固、发、材，并将其整合为：理科器（启）官（观）禁（进）锢（固）发财（材），这样有逻辑性的短句。

接下来，我们要将这些关键字放回到原文之中，与材料结合。而这个将关键字与信息本身建立逻辑关系的过程，也是记忆法应用的过程。如：

理：理论→实践　逻辑关系

科：科学（工具性）→思想（德育）　人要全面发展

启：启发　谐音

观：直观　谐音

进：循序渐进　谐音

发：发展

材：因材施教　谐音

至此，我们就可以运用口诀法将教学的八项原则记住了。

（二）串联法

串联法是在通过建立两组信息间的联系，使我们在遇见其中一组信息时，能够快速回忆出另外一组信息。其常用于记忆要进行信息匹配的内容，如选择题。

例子：

《雄辩术原理》是西方第一本论述教育的著作。

我们要记忆的信息共有两个部分，第一部分是"《雄辩术原理》"，第二部分是"西方第一本论述教育的著作"。串联法就是构建这两部分信息联系的方法。首先我们在这两部分信息中各提取一个关键词，其次发挥想象力对其展开联想，如：在"《雄辩术原理》"中提取"雄辩"，在第二部分信息中选取"教育"，二者联系起来就可组合为：一个雄辩家在演讲，他的身边围着一群学生在听他讲课。这样，我们将两部分信息联系了起来。

在短时间内需要记忆大量匹配信息时，串联记忆法会有非常好的效果。

（三）故事法

故事法是在多条信息间建立联系，将零碎的信息整合为一个整体，提高记忆的效果和效率。使用故事法，记忆者见到标题，就能有顺序、没有遗漏地将相关的信息复述出来。

例子：

班主任的工作：

（1）了解和研究学生

（2）指导班级学生的学业

（3）组织丰富的班会活动

（4）开展各类课外活动

（5）领导学生开展劳动活动

（6）协调各方对学生的要求

（7）评价学生的发展

（8）总结和规划班主任工作

我们先要通读全文，理顺班主任工作的逻辑，接着我们可以把这些工作带入具体情境，编成逻辑合理的故事：

我是一名班主任。我通过分析期中考试成绩，发现小明的成绩不是很理想。于是我把小明叫到办公室单独辅导。不知不觉到了上课时间，我听到上课铃响，带着小明回到教室，开始上班会课。下课之后，我带着班里的同学到操场上活动。按照惯例，在放学之前，要带领学生到植物园，给他们种的油菜花浇水。家长在校门口接送孩子，会来跟我询问孩子的在校情况。我将孩子在校的表现以及对孩子的评价告知家长。孩子被接走之后，我回到办公室，开始做今天的工作总结和明天的工作规划。

故事法适合记忆需要将4~10个信息块进行整合的内容，即包含几块并列知识点的大篇幅材料。相较口诀法，故事法的逻辑性更强，更容易记住。但实际上大多数情况下，故事法可以解决的题目，同样可以使用口诀法来记忆。

除了上述提到的3种记忆方法，记忆法还包含了许多其他的记忆方法，从广义上说，凡是我们在记忆过程中使用的方法都属于记忆法的范畴。

◎ 如何看待记忆法

人们经常抱怨在学习了记忆法之后，自身的记忆能力并没有得到显著的提高，甚至会认为使用记忆方法的记忆速度甚至比直接记忆要慢上很多。一方面，这是由于对记忆法的理解不够深入造成的。记忆法不是单纯的知识，并非在理解之后就能显著提高记忆力。记忆法是一种技能，掌握记忆法不仅需要用认识指导实践，还要在实践中进行更深刻的认识，通过不断地练习才能掌握。正如学习踩单车，仅知道单车如何前进是不够的，在未掌握自行车的使用技巧之前，跌跌撞撞的骑车速度毫无疑问是比走路慢的。

另一方面，大多数的记忆方法是通过建立联结来实现的，而这样的信息加工需要花费额外的时间。在记忆的信息较少时，人们可以通过视觉残像记忆或默读记忆的方式来实现快速记忆，这样的记忆方式对信息的加工毫无疑问要更加简单，所花费的时间自然要比进行额外加工的记忆法更短，但相对应地，信息的保持也十分不牢靠。此外，记忆法并不单纯指代快速记忆的方法，它是一个囊括了记忆过程、保持过程和信息提取过程的整体。记忆速度只是记忆法功能的一部分，将信息保持在头脑中，并在需要的时候快速检索最有价值的部分。

注意事项：

第一，记忆法是一种辅助记忆的工具，是建立在对知识的理解和吸收、构建自己的认知结构的基础上的，它不能取代对知识的理解。不要高估记忆法的效果，它并不能让使用者做到倒背如流、过目不忘。记忆法是建立在记忆和遗忘的规律之上的。持续复习是保持信息唯一的途径。

第二，不要相信记忆法万能论，它只是一种提高记忆效率的技巧，大多数人都能掌握。在不断使用和练习的过程中，大脑加工信息的能力会得到一定的增强，但并非什么提高智力，变成天才云云。

第三，记忆法是由通过建立信息外部联系以达到记忆效果的相关技巧，但只要科学地使用，选择合适的方法，记忆法并不会破坏知识的内部结构。总而言之，有意义信息的记忆是建立在理解的基础上的。

第二节 记忆比赛

◎ **竞技记忆**

竞技记忆是指记忆者通过大量地记忆固定种类的记忆材料（常为记忆比赛规定的记忆项目），提高对某一记忆方法的应用能力和大脑相关方面的灵活度，使记忆者在规定的时间内记忆更多的信息、在更短的时间内记住相同记忆量的信息，以及提高记忆者的记忆准确率。

◎ **记忆比赛**

如今，竞技记忆已经具备了一定的规模和体系，在世界规模上形成了三大赛事以及其他大大小小的各类赛事。不同的赛事所采用的项目并不完全相同，但都是围绕数字、扑克牌和文字这三大板块进行设计的。故而不同赛事联合举办的情况也时有发生。

记忆比赛是记忆爱好者检验自身训练成果，以及和其他选手交流、学习的最好平台，也是记忆爱好者综合比拼记忆能力、心理素质和比赛策略的最佳舞台。

三天比赛（长途）

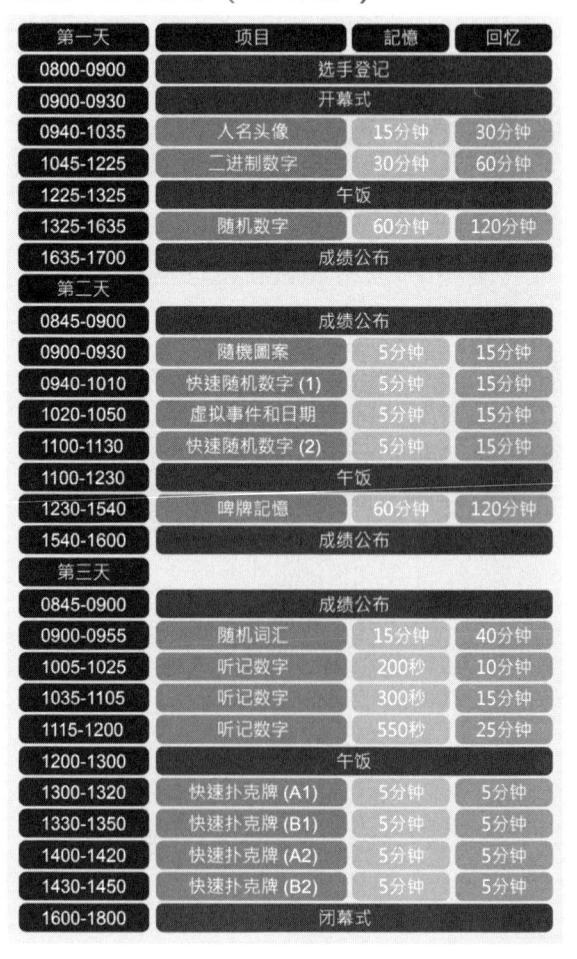

第一天	项目	记忆	回忆
0800-0900	选手登记		
0900-0930	开幕式		
0940-1035	人名头像	15分钟	30分钟
1045-1225	二进制数字	30分钟	60分钟
1225-1325	午饭		
1325-1635	随机数字	60分钟	120分钟
1635-1700	成绩公布		
第二天			
0845-0900	成绩公布		
0900-0930	随机图案	5分钟	15分钟
0940-1010	快速随机数字(1)	5分钟	15分钟
1020-1050	虚拟事件和日期	5分钟	15分钟
1100-1130	快速随机数字(2)	5分钟	15分钟
1100-1230	午饭		
1230-1540	啤牌记忆	60分钟	120分钟
1540-1600	成绩公布		
第三天			
0845-0900	成绩公布		
0900-0955	随机词汇	15分钟	40分钟
1005-1025	听记数字	200秒	10分钟
1035-1105	听记数字	300秒	15分钟
1115-1200	听记数字	550秒	25分钟
1200-1300	午饭		
1300-1320	快速扑克牌(A1)	5分钟	5分钟
1330-1350	快速扑克牌(B1)	5分钟	5分钟
1400-1420	快速扑克牌(A2)	5分钟	5分钟
1430-1450	快速扑克牌(B2)	5分钟	5分钟
1600-1800	闭幕式		

图1-1 比赛日程表样板

WMSC

在当前盛行的各大记忆赛事之中，历史最为悠久的就是WMSC的赛事。WMSC是World Memory Sports Council（世界记忆运动理事会）的缩写。❶世界记忆运动理事会由托尼·博赞（Tony Buzan）和雷蒙德·基恩（Raymond Keene）于1991年成立，是全球记忆运动的独立管理机构，管理世界各地的比赛和认证。

世界记忆运动理事会于每年举办世界记忆锦标赛。选手在大赛中除了争夺世界冠军的头衔之外，表现优异的选手还会被授予"世界记忆大师"的荣誉称号。

根据世界记忆运动理事会的规则，选手在世界记忆锦标赛中，如果成绩达到相应要求，分别授予以下称号：

1. 国际记忆大师（International Master of Memory，IMM）：

①1小时内记住1400个随机数字。

②1小时内记住最少14副扑克牌。

③40秒内记住1副扑克牌。

④达标当年须10个项目都已参赛，且总分达到3000分以上。

⑤前三项标准都要达到，但三项标准不一定要在同一年达到。

2. 特级记忆大师（Grandmaster of Memory，GMM）：

①选手的成绩要达到IMM要求。

②在当年的世界赛中获得5500~6499分的前5名选手。

③每年只评出5个新的GMM。

3. 国际特级记忆大师（International Grandmaster of Memory，IGM）：

①在世界赛中最少获得6500分的选手。

②每年不限名额数量。

图1-2 "国际记忆大师"证书样板

---

❶ WMSC官网：http://world-memory-statistics.co.uk/home.php。

G.A.M.A.

G.A.M.A.全称是Global Alliance of Memory Athletics，即全球记忆运动联盟。[1] G.A.M.A.致力于为包含记忆选手、教练、赛事组织者、赛事裁判等的记忆群体提供支持和服务。G.A.M.A.的目标是通过联合全球各地的记忆运动组织，向全世界每个人推广记忆运动的益处。

根据全球记忆运动联盟的规则，选手在世界记忆锦标赛中，如果成绩达到相应要求，会被授予1~9段"记忆大师"即International Grandmaster of Memory（IGM）的称号。

世界忆忆大师

段	快速扑克牌（秒）	扑克牌记忆（副）	随机数字（个）	随机词语（个）	比赛分数
1	120	10(一小时)	1000(一小时)	50	3000
2	90	11(一小时)	1100(一小时)	60	3500
3	60	12(一小时)	1200(一小时)	70	4000
4	50	13(一小时)	1300(一小时)	80	4500
5	45	14(一小时)	1400(一小时)	100	5000
6	40	16(一小时)	1600(一小时)	120	5500
7	35	18(一小时)	1800(一小时)	140	6000
8	30	20(一小时)	2000(一小时)	160	7000
9	25	24(一小时)	2400(一小时)	180	8000

图1-3 "记忆大师"证书样本

I.A.M.

I.A.M.全称是International Association of Memory，即国际记忆协会。[2] 国际记忆协会是一个世界性的记忆协会。其首要目标是将记忆运动带给每个人，并为记忆团体提供一个自由和民主的环境，在那里人们可以根据自身的需要进行训练并为我

---

[1] G.A.M.A.官网：https://www.global-memory.org/index.php。
[2] I.A.M.官网：https://www.iam-memory.org。

们的共同努力做出贡献。一个由记忆运动员、组织者、裁判、志愿者、助手和赞助商组成的大型社区正在为实现这一目标而共同努力。

以上赛事除了会颁布上述证书，还会颁布其他种类的证书，如"亚洲记忆大师""记忆执行师"等，此处不再一一列举。除了上述介绍的各大赛事，国内还有诸如记忆九段、脑力世界杯、环球大师赛等各式各类的比赛，此处亦不一一列举。感兴趣的读者可在网上自行检索相关信息。

需要特别注意的是，上述所有的赛事皆为民间赛事，所颁发证书的权威性皆由民间认可程度所决定，并无普遍认可的说法，读者要以客观的态度看待上述证书。

◎赛事规模

竞技记忆的三大赛事为：WMSC，G.A.M.A.，I.A.M.。三个组织采用相同的比赛赛制和相似的比赛项目，每一年都会承办大大小小数十场的赛事，如国家（地区）公开赛、国家赛、洲际公开赛、洲际赛事、世界赛等。

其中国家（地区）公开赛是指由某一国家（地区）的记忆协会承办，来自全球的选手均可参加的公开赛事。国家赛则是由某一国家的记忆协会承办，只允许本国选手参加的赛事。洲际公开赛是指由某一洲的记忆协会承办，来自全球的选手均可参加的公开赛事。洲际赛则是由某一洲的记忆协会承办，只允许本洲选手参加的赛事（有例外情况）。无论对哪个组织来说，世界赛都是最大规模的赛事，届时来自世界各地的选手将会齐聚一堂，共同交流学习，展开为期三天，共计十个项目的记忆比拼，展现自身的记忆水平。在比赛中发挥出色的选手，将会被该组织授予"世界记忆大师"的终身荣誉称号。每个组织所颁布的"记忆大师"都并不相同。

除了上述赛事，WMSC每年会在国家赛举办之前，设置多个分赛区，通过城市赛对选手进行选拔，只有排名靠前的选手才可以参与到后续的国家赛当中。而每场比赛采用什么样的赛制，并非固定不变的，要以每场比赛公开的信息为准。

◎比赛项目

绝大部分的记忆比赛采用的是统一发放的记忆卷，选手在规定的时间内尽可能多地记忆卷上的内容。选手要在规定的时间内，在空白的答卷上进行作答，默写方才记忆的内容。每个项目会根据选手的记忆正确率和记忆量给予选手相对应的分数，十个项目的分数总和就是选手本次比赛的最终成绩。有些特殊的项目（如快速扑克牌）采用的是不同的评判方式，在后面对应的篇章中会详细介绍。

表1-1 比赛项目

项目	记忆时间/赛制		
	短时赛	中时赛	长时赛
快速数字	5min	5min	5min
快速扑克牌	5min	5min	5min
马拉松数字	15min	30min	60min
马拉松扑克牌	10min	30min	60min
二进制数字	5min	30min	30min
随机词汇	5min	15min	15min
听记数字	100s/300s	100s/300s/550s	200s/300s/550s
虚拟历史事件	5min	5min	5min
随机图形（I.A.M., G.A.M.A.）	5min	5min	5min
抽象图像（WMSC）	15min	15min	15min
人名头像	5min	15min	15min

作答时间随着当前选手水平的不断提升正在不断地调整，并非固定不变的，要以每场比赛公开的信息为准。

◎ **算分系统**

在三大赛事中，每一个项目的成绩会得到两个分数，第一个是原始分，第二个是项目分。

假如我在5min的快速数字中无误地记住了100个数字，将会获得100分的原始分；在60min的马拉松数字中无误地记住了100个数字，也会获得100分的原始分。由于5min记住100个数字和60min记住100个数字所展现出来的能力并不相同，因此如果在计算总分时直接将两个项目的原始分相加，则难以体现选手的真实水平，因此引入了项目分的概念。

项目分是指将一定数值的原始分作为基准分,这一数值的原始分对应着1000分的项目分,分数换算系统会根据选手的原始分与基准分之间的差距,给予选手一定的项目分。假设5min数字的基准分为500,我记忆了100个数字,得到了100分的原始分,根据分数的换算系统将会获得200分的项目分(100÷500×1000=200)。

而基准分是如何确定的呢?算分系统引入的初期,根据当时选手的水平确定了最初的基准分,当有三个及以上的选手在正式比赛中所得到的原始分超过基准分时,基准分将会在该年结束之后被重新调整。新的基准分是该项目有史以来得分最高的三个选手原始分平均值的1.1倍。故而项目分所体现的是选手在该项目与当前世界顶尖水平之间的差距。如假设快速数字的原先的基准分为500分,在该年的各场比赛中,合计有四位人/次得到超过500分的基准分。其中A选手在赛事a和赛事b中,分别以600分和620分的成绩两次超过了这一基准分,B选手在赛事c中以510分超过了这一基准分,C选手在赛事c中以520分超过了这一基准分,则在该年的比赛全部结束之后,快速数字项目的基准分将被调整为605分〔(620+510+520)÷3×1.1=605〕。

在讲述了基准分的概念之后,我们就能够轻易理解原始分和项目分之间的换算公式❶:

听记数字:$\sqrt{(原始分)} \times 1000 \div \sqrt{447}$

快速扑克:$1000 \times 基准时间^{0.75} \div 原始时间^{0.75}$(全部正确)❷

  $正确张数 \div 52 \times 1000 \times 基准时间^{0.75} \div 300^{0.75}$(未全部正确)

其余项目:原始分 ÷ 基准分 × 1000

我们从换算公式中可以得知,1000分的项目积分往往代表着当前该项目的世界顶尖水平。但记忆爱好者们要坚信一点:纪录就是用来打破的。笔者在比赛的过程中曾多次见到选手在赛场上单个项目得到超过1000分的项目分。追求极限,打破认知,也是竞技记忆的乐趣所在。

---

❶ 由于基准分数时常发生变化,此处不予列出,读者可登录各组织的官网进行查询。

❷ 快速扑克的基准时间为:超过原基准时间的选手中,用时最短的三位选手的用时的平均时间×0.9。

图1-4　比赛现场

◎ 记忆排名

记忆比赛有许多不同的排名方式，总体上分为单场比赛排名和历史排名两类。顾名思义，单场排名就是对本次比赛的参赛选手的成绩进行排名，而历史排名是指对参与该组织的赛事的选手过往的成绩进行综合排名。

单场排名又分为总分排名和单项排名。总分排名即按照选手十个项目的项目分总和进行排序。单项排名则是根据选手单项目的原始分进行排名。

此外，无论是总分排名还是单项排名，又会分为组别排名和全场排名。比赛根据选手参赛的年龄分为儿童组、少年组、成人组、乐龄组，每组的选手会分开进行排名，也会进行总体排名。12岁以下的参赛选手属于儿童组，12~17岁的参赛选手属于少年组，18~59岁的参赛选手属于成人组，60岁及以上的参赛选手属于乐龄组。在年龄认定上，比赛通常规定凡是符合年限的，默认生日为1月1日。即无论选手是在当年的1月1日还是12月31日年满18岁，都会默认参加成人组的比赛。

通常来说，一场比赛设置有每一个项目各组别的冠、亚、季军，组别总分冠、亚、季军和全场总分冠、亚、季军等奖项。

有些比赛还会设置有专业组和业余组，或是设计更多类型的奖项，均以每次赛事的实际情况为准，此处不一一论述。

在单场比赛中，经常会出现选手原始分数相同的情况，为了更加合理地对选手的成绩进行排名，将会采取以下细则：

> 最少错误原则：在人名头像、随机图形和虚拟历史事件中，倘若出现原始分相同的情况，则根据错误数的多少对选手进行排名，错误数较少的选手排名较高。
>
> 正确数量原则：在随机词语、随机扑克、随机数字、二进制数字的项目中，倘若出现原始分相同的情况，则根据答卷上无效行或列中正确的数字或词语的个数对选手进行排名，无效行或列中正确的数量越多，选手的排名越高。
>
> 参考他轮原则：在快速数字、快速扑克牌和听记数字中，倘若出现原始分相同的情况，则以选手其他轮次的原始分作为排名的依据，选手另一轮的成绩越高，选手的排名越高。

倘若依然出现同分的情况，则认定同分的选手在该项目中获得并列的名次。

历史排名是指被记录在该组织的官网上的排名。组委会会将符合规格的比赛的成绩单在该次比赛之后录入该组织的官网，将该组织举办的所有比赛成绩进行汇总（只有由等级符合要求的裁判主持的比赛，成绩才会被承认并录入官网）。每个组

GAMA World Ranking / GAMA All Time Highest / IAM World Ranking / WMSC World Ranking / Cross-Party World Ranking

1-500　501-1000　1001-1500　1501-2000　2001-2500　2501-3000　3001-3500　3501+　Other

Rank	Name	Country	Score	Championship
1	ALEX MULLEN	USA	8501	WMC 2017
2	MUNKHSHUR NARMANDAKH	Mongolia	7889	Mongolian 2019
3	ENKHSHUR NARMANDAKH	Mongolia	7819	Mongolian 2019
4	JOHANNES MALLOW	Germany	7530	Swedish Open 2013
5	PRATEEK YADAV	India	7499	India Memory Championship
6	LKHAGVADULAM ENKHTUYA	Mongolia	7458	Mongolian 2019
7	MARWIN WALLONIUS	Sweden	7395	WMC 2015
8	SIMON REINHARD	Germany	7128	WMC 2015
9	YANJAA WINTERSOUL	Mongolia	7006	WMC 2017
10	ZOU LUJIAN	China	6880	Malaysia Open 2017

图1-5　G.A.M.A.世界排名

织的官网上都有一份世界排名,由于并非每位选手都参加过所有组织的比赛,三大组织的世界排名并不一致,世界排名的方式也有些许不同,但通常的排名方式都是选取选手得分最高的一场比赛中的十个项目的原始分以当前的算分系数折算出项目分作为排名的依据。由于项目的基准分会根据选手的水平而做出调整,选手先前的成绩会随之降低,世界排名也会随之浮动。

在单个项目的历史中,选手原始分数相同的情况非常多见,这些选手将一律获得相同的世界排名。❶

◎ 训练竞技记忆的意义

笔者过往被问到非常多的问题就是:训练竞技记忆和参加记忆比赛到底有什么用?练习无意义的信息记忆对现实生活似乎没有用处,似乎没有必要花费如此大的时间成本。到底什么样的人适合练习竞技记忆呢?根据自身的经历,笔者给出自己的思考方向,仅供读者参考。

(一)有利于记忆能力和注意力的提高

竞技记忆的练习过程,是对记忆法重复运用的过程,在练习的过程中,一方面记忆者对记忆方法的运用会愈发熟练,得心应手;另一方面记忆者的想象力、创造力和注意力都会得到锻炼和提高。虽然竞技记忆的训练所使用的是无规律的材料和日常生活中不常见到的信息,但是随着记忆能力的提升,记忆其他信息的能力自然而然也会得到提升。归根结底,大脑需要不断运用,才能保持活力。进行记忆训练,可以让我们的大脑保持在较为活跃的状态。但需要注意的是,记忆日常生活中的内容使用的方法要比比赛项目更加灵活多变,因此,也要进行针对性的练习才能显著提高实用记忆能力。

(二)有利于培养健康的兴趣爱好

诚然,训练竞技记忆并不能一蹴而就,需要长时间地坚持,支付足够的时间成本才可以取得显著的进步。站在功利的视角上来看,训练竞技记忆并不能使学习者获取直接的利益,但是经济利益只是我们思考问题的一个方面,而非唯一的标准。

---

❶ 上述与比赛相关的内容中,读者若有难以理解的部分可在阅读后续章节之后再进行复看,在对应项目的篇章中会对其进行详细介绍。

我们要将竞技记忆看作一种陶冶身心的兴趣爱好，而非获利的途径（竞技记忆当前正在朝着跻身正式体育项目的方向努力，当前已经取得了显著的成效）。维持大脑长时间或是高速度地运转，不仅可以提高学习者的思维能力，还可以培养学习者的专注能力。

和其他兴趣爱好相比，竞技记忆具有成本低、门槛低、见效快的特点。竞技记忆不需要高昂的费用来购买专业的设备，一张纸、一副扑克牌，甚至只有一部手机就可以进行。此外，记忆法并不需要从小练起，任何年龄段的爱好者都可以进行学习（由于记忆法的运用要建立在对世界的一定认知上，所以笔者并不建议年龄过小的学生进行学习）。大部分参赛的乐龄组选手都已退休，为了充实生活和防止记忆能力下降才开始学习记忆法。想要达到世界顶尖的竞技记忆水平，是离不开勤奋与天分的，但这不意味着需要有较高的天分才可以学习竞技记忆。恰恰相反，大部分的选手，在训练之前都不认为自己的记忆力有任何过人之处。人们普遍对记忆有一种莫名的畏惧，因此训练记忆的过程亦是建立信心的过程。在短暂的学习和训练之后，学习者会快速察觉自己的进步。虽说竞技记忆并不能摆脱"万事开头难"的制约，但是竞技记忆的开头显然不属于烦琐之列。

（三）有利于终身学习和自我实现

谈到竞技记忆，便不能脱离记忆比赛，虽然参赛并非训练竞技记忆的最终目的，但它却是检验自身训练成果的最好方式。参加比赛的选手有学生、退休的老人、各行各业的工作者，还有放下工作全职训练的爱好者。选手们来自四面八方，来自各行各业，甚至来自不同的国度，大家为了共同的爱好聚集在一起。记忆比赛是一个平台，它为选手们提供广泛的交流机会，锻炼选手们的社交能力。在比赛中，选手们不仅能相互交流训练的心得，获取突破记忆瓶颈的经验，了解其他选手的记忆技巧，还能了解到其他人的生活和工作，了解到自己生活圈之外的世界，开拓自身的视野。

记忆比赛并不仅是对记忆能力的考验，它还是对心理素质、战略安排、饮食作息的综合考验。比赛的过程中，会遇到许多训练中不会出现、未曾考虑到的问题，能否发挥、如何发挥、怎样发挥自身的实力对于参赛者而言都是挑战，也是锻炼的机会，有利于促进选手的全面发展。

在记忆比赛中，充满了各式各样的心理博弈。焦躁、惶恐、紧张、自负等无时无刻不影响选手的发挥，但也潜移默化地磨砺着选手的心性，使选手逐渐学会冷静地判断形势并做出准确的判断，以及坦然地接受成功与失败。

选手参加比赛的目的各不相同：有的选手是为了争夺冠军，打破世界纪录赢取奖牌；有的选手是为了获取人生体验，拓展自身的认知；有的选手是为了寻求商机；但大多数选手参加比赛是为了拿到"世界记忆大师"的证书。这张证书或许是对自身努力的证明，或许是进入记忆圈的敲门砖，或许意味着综合实践的学分，但有一点是可以肯定的，这张证书的获取要求并不会过分苛刻，不然不会有这么多人为了这张证书而努力。很多人会被"大师"二字所吓倒，认为这一定是非常难以达到的成就，坦白地说，笔者高中时的确也是因为觉得这个头衔很酷，想要得到这张证书，才会开始训练。但实际上，所谓的"大师"，并不代表着在一个领域具有极其高深的造诣，它只是英文单词"master"的翻译。笔者认为，在记忆比赛中将"master"翻译为"大师"并不是非常妥当，它更多的是对参赛者具备一定能力的认证。

以WMSC的"世界记忆大师"标准举例：60min内记住1400个随机数字、60min内记住最少14副扑克牌、40s内记住1副扑克牌、总分达到3000分以上。这对于经过一段时间认真训练的选手而言，并非特别困难的事情。此处可参考笔者在WMSC官网上的成绩：30min记住1148个随机数字、30min记住15副随机扑克牌、18.88s记住1副扑克牌、总分6767分，而这样看似超出标准很多的成绩在国际上却仍然不具备竞争力。但这并不意味着这张证书是可以轻松获得的，只是说获得这张证书距离真正的"大师"还有很远。笔者认为获取这张证书的难度是：不需要特殊的天分，大多数人经过一两年非全职的认真训练便可以取得。排除特殊的情况，这样恰到好处的难度，是最具有挑战性的，有助于学习者通过努力来提升自信心和获得心理上的满足，从而促进自身的发展。而这种通过自身努力获取成就所建立的信心和养成的习惯，是可以被迁移到学习其他事物上的。

如果书本前面的你，此时想要培养一项自己的兴趣爱好，却还没有明确的方向，不妨尝试学习竞技记忆，我想你一定会有所收获。

第二章
基础记忆训练

在这一篇章的学习中，学习者需要掌握竞技记忆最为基础的两大类项目：数字记忆和扑克牌记忆的原理，清楚记忆数字和扑克牌的完整流程，并能够自主地进行数字和扑克牌的记忆训练。

第一节　想象力训练

竞技记忆的训练最为重要的是对想象力的锻炼，丰富的想象力是学习者记忆效率和效果最大的保障，这是因为竞技记忆中采用最多的就是图像记忆法。图像记忆是基于色彩丰富的画面比抽象的文字对大脑的刺激更加强烈的原理，将所要记忆的信息按照一定的程序转化为图像，通过记忆图像取代记忆文字信息。在信息提取时，先在头脑中检索出对应的图像，再根据对应的程序将其转化为文字以完成信息提取。

经常会有初学者认为，1kb的容量可以储存512个汉字，图片的大小却是以mb计算的，表达同等含义的信息，使用图像的记忆量明显比使用文字要高上数百倍，为何要将文字转化为图像呢？诚然，这是符合计算机逻辑的，但是人脑的记忆显然与计算机不同。转化成图像进行记忆，记忆量确实是变多了，还增加了信息加工的过程，理论上确实会将记忆变得更加复杂，但是不要忘记一点：对于人脑而言，图像记忆和文字记忆的难度是大不相同的。

充满视觉刺激的电影镜头往往比剧情精彩的小说更容易被人记住，这是因为人脑记忆不同内容的能力是不一样的。强烈的视觉冲击会给予记忆者更深刻的印象，从而增加记忆的稳定性。故而虽然图片的记忆量更多，但人们整体上记忆图像的速度和稳定性还是要远胜于对文字的记忆。

因此在训练竞技记忆时，我们更多地选用图像记忆法。但是这并不代表弃用了其他的记忆方法，而是要形成以图像记忆为基础，多种记忆方法相结合的综合记忆体系。随着记忆水平的提高，其他记忆方法的使用比重会变多。但是在此之前，图像记忆是首先要掌握的一种记忆方法。

在此处，我们举一个简单的例子，让读者可以更为清晰地认识到什么是图像记忆法。假设我们要按顺序记住钥匙、鹦鹉、球、蚂蚁这四个词语。

第一步，在脑海中想象这四个词语的图像。不要小看这简简单单的四个词语，它们在每个人脑海中对应的图像可都是不一样的。钥匙的颜色、大小、形状，鹦鹉的品种、体形、动作等都各不相同。初学者有时在第一步就被困住了，他们不知道自己脑海中的那把钥匙应该具有什么样的细节，从而陷入选择困难。实际上，不同的钥匙对于记忆效果的影响并不会太大，我们往往只需要相信自己的直觉即可。这把钥匙可以是自己家门的钥匙，可以是豪车的车钥匙，甚至可以是通往异世界的穿越钥匙，这些通通都不影响记忆的过程。在直觉出现之后，初学者可能会情不自禁地想出更喜欢的图像。倘若在此处纠结，记忆的过程就会出现不必要的阻碍和混乱，因此我们统一选用直觉图像并长期固定下来，不轻易进行更改，以避免记忆和回忆时，出现不同的钥匙而产生混乱。

第二步，将钥匙、鹦鹉、球、蚂蚁这四个图像按照一定的方式组合起来，形成一个整体。即以这四者作为素材编写一个尽可能短的小故事（故事越短、记忆量越少，记忆速度越快），并在头脑中以动画的形式呈现。例如：一把钥匙插在机械鹦鹉的背上，旋转钥匙启动了开关。机械鹦鹉进入激活状态，随即飞到空中，将爪子上的球抛向地面，砸在蚂蚁身上。

我们要在脑海中想象出这一系列连贯动作对应的动画，而不是以文字的方式进行叙述。此处我们需要注意的是，四者的大小各不相同，特别是蚂蚁的体形要比鹦鹉小上不少。我们在想象这样的图像时，往往会陷入无法受力的困扰。因此，我们需要对四者的大小进行调整，使这四个素材的尺寸相似。例如：我们可以适当放大蚂蚁或者增加蚂蚁的数量，使蚂蚁的整体尺寸与鹦鹉的大小类似，以降低想象的难度。

至此，我们就完成了对这四个词语的图像记忆过程。或许大家会觉得用这种办法浪费时间，似乎没有必要多此一举。费时是因为我们尚处于起步阶段，并不习惯这种方法，需要注意相当多的细节，这一点随着我们愈发熟练就会逐渐被解决。至于必要性，如果只是记四个词语，我们自然不必如此麻烦，但要知道，这只是我们举的一个简单例子，在竞技记忆的训练中，我们往往要记忆上百个这样的组合，这不是依靠机械记忆可以轻易解决的，跟随笔者的脚步继续学习，我们将愈发能体

会到图像记忆的独特魅力。

使用图像记忆法一般来说有三个难点：

①如何将要记忆的信息转化为图像？

②如何控制脑海中的图像动起来？

③脑海中的图像应该怎样动？

接下来，我们将围绕这三个难点，进行针对性的讲解。

竞技记忆的训练中，我们要记忆的素材分为数字、扑克牌和词语三大类。前面的例子中出现的是实物名词，我们一看到就可以直接转化为图像。但在绝大部分情况中，我们所要记忆的信息，是无法直接转化的，需要对它进行进一步的加工。对于词语的加工方式，我们将放在书中随机词汇的篇章中进行详细论述。而数字的加工方式与扑克牌的加工方式是相同的，因此，首先要学习的是数字信息的转化方式。

编码

在开始正式的学习之前，为方便理解，先引入一个概念：在随机数字（如19964992726）中，我们将"0""1""2"这样的一位数数字，称为一个数字，故上述的数列中共有11个数字。

通过前面的学习我们知道，竞技记忆常用的方法是将信息转化为一个个的图像进行记忆。因此当我们要记忆一系列的随机数字时，也要将这些数字转化为一系列的图像。那我们如何将这些数字转化为图像呢？这里就要引入编码的概念了。

我们将每两个数字当作一个组合，每一个组合将与一个固定的图像相对应，称为一个二位数编码（为方便叙述，后文皆简称为编码）。例如：我们在遇到14159281这样的长串数字时，先将其分为14、15、92、81这样的四个二位数数字，将每一个二位数根据事先确定的转化公式转化为固定的图像（而不需要临场发挥想象力去思考如何将该数字转化为图像，以节省记忆时间、降低难度，并提高提取的精确度），再对这些图像进行记忆，这个事先确定的数字与图像的转化关系就是数字编码。

竞技记忆中会出现的数字是随机排序的，因此我们要事先准备所有可能出现的二位数组合，即从"00"至"99"合计100个，才可以应对任何情况。我们学习竞技记忆的首要任务就是将"00"至"99"的这100个二位数数字进行编码，并熟记下来。

编码规则

数字编码是将数字与确定的图像建立对应关系的过程。那如何建立数字与图像之间的联系呢？共有以下5种方法供大家选择：

（一）谐音法

由于一些数字的发音与某一词语的发音相似或相同，所以将该数字与这一词语相关的某一确定图像联系起来。

例如：在记忆的时候，数字"14"的发音可以记成"yāo sì"，然后我们可以联想到发音相近的"yào shi"，即钥匙，因此可将"14"与"钥匙"的图像联系起来，形成编码。

再如：数字"13"的发音记成"yī sān"，我们可以联想到发音相近的"yī shēng"，即医生，从而建立"13"与"医生"的图像联系，形成编码。在这个例子中，"3"的发音与"生"的发音并不是完全相同的，但由于发音相似，仍然可以将其配对。

在编码的过程中，发音完全相同的仅占少数，在绝大部分情况下，我们要发挥自己的联想能力，在发音相似的词语中进行检索，寻找到合适的词语。我们也可以利用手机或计算机的输入法，输入对应声母，通过软件辅助检索，为编码选取提供思路。

在上述例子中，可看出对于数字"13""14"的读法，我们采用的是"一三""一四"而非"十三""十四"，这也是使用谐音法时需要尤为注意的一点。即在编码的时候，优先将其分为两个个位数进行发音，而非看作一个整体。有两个方面的原因：一是对于"10"至"19"而言，采用"yī"或是"yāo"的发音，可避免与"40"至"49"混淆；二是对于其他数字，例如"25"，读作"二五"相较于"二十五"少了一个音节，也增加了编码过程的联想范围。但这并非完全禁止使用"十"的读音，可根据自身的需要和喜好在恰当的时候将其加入。

谐音法的使用并不局限于普通话，凡是读者所能运用的语言（譬如方言或是外语）皆可列入选取的范围。谐音法可谓是编码选取中最为重要的一个方法，绝大部分的编码都是依据谐音法制订的，因此要尤为重视。

（二）形状法

形状法即依据数字的外观进行联想，令其与外观相近的物品图像相对应，形成数字编码。

例如：数字"11"的形状与筷子相似，因此可将"11"与"筷子"的图像建立联系，形成编码。

再如：数字"00"的形状与望远镜的形状相似，因此可将"00"与"望远镜"的图像建立联系，形成编码。

采用形状法进行编码的比重相对较小，读者在进行编码时可以优先考虑使用形状法，倘若没有合适的想法再考虑其他的方法。

（三）拟声法

拟声法与谐音法不同，但也与数字的读音相关，即依据数字的读音联想到其他物品运作时发出的声音，从而将该数字与物品图像相对应，形成数字编码。

例如：数字"44"的发音是"sì sì"，与蛇吐信子的"si si"声相似，因此可将"44"与"蛇"的图像建立联系，形成编码。

再如：数字"55"的发音是"wǔ wǔ"，与火车鸣笛的"wu wu"声相似，因此可将"55"与"火车"的图像建立联系，形成编码。

采用拟声法进行编码的比重很少，读者可将其作为一个辅助的参考方法。

（四）常识法

常识法是根据数字编码中的数字逻辑联想到日常生活中的相关常识，从而将该数字与常识衍生出的物品图像相对应，形成数字编码。

例如：数字"61"可联想到6月1日，随即想到六一儿童节，故而可选取一样与儿童相关的物品，如"玩具车"作为该数字的编码。

再如：数字"08"可联想到2008年，随即想到北京奥运会，故而可选取一样与奥运相关的物品，如"祥云火炬"作为该数字的编码。

在常用常识法进行编码的过程中，读者可以使用一些对自己有特殊意义的日期制作更具个性化的编码。

（五）定义法

在实际的记忆过程中，我们需要给每一个数字编码配对一个固定的图像，而这个图像和数字的对应关系其实并无强制性的规定，也就是说只要能固定下来，任何图像都可以对应任何数字，"13"可以对应"钥匙"，"11"也可以对应"鹦鹉"。上述建立编码的方法只是为了给读者提供对应的思路，方便读者熟悉编码和数字的关系，看到数字的时候可以更快地想起图像，看到图像的时候也可以更快地想起数字。也就是说，在编码的时候，读者可以根据自身的喜好，赋予某一数字固定的编码图像，即使该数字本身无法通过上述一系列方法联想到对应图像。如笔者希望将"茶杯"作为编码，但是没有一个数字可以直接对应到"茶杯"，那么可以从100个两位数数字中随意指定数字"34"与其对应，形成数字编码。

上述的五种编码方法，并非编码的全部方式。读者可以根据自身的喜好运用其他的方式对数字进行编码。除此之外，遇到一些特殊情况时，读者可以结合多种编码方式对数字进行编码。如对"75"进行编码的时候，我们可以将谐音法和逻辑进行结合，通过"75"的谐音联想到"翩翩起舞"，再运用发散性思维，想到蝴蝶是翩翩起舞的。故而将"蝴蝶"和"75"相联系，形成数字编码。

但我们要注意的是，通过多层联想而得到的编码在未形成直接反应之前，在使用的过程中需要更长的时间进行反应，而这会延长记忆的时间，并打断记忆的节奏，故而笔者并不推荐读者过多使用该方式进行编码。

为了给读者提供一定的编码制订思路，笔者附上了一份数字和词语的对应表，供读者参考。需要注意的是：

①在制订"0"开头编码时可仅依据个位数的数字来进行编码，也可将两个数字作为一个整体，这取决于编码时读者的思路。但在书写时，一定记得写上"0"。

②在编码的过程中，我们要时刻注意到100个编码是一个整体，尽可能避免形状、用途相同或是相似的编码，否则在回忆的过程中，易无法区分。如编码中同时存在"刀"和"剑"，回忆的过程中若印象不够深刻，只记得编码大概的动作效果，就很难分清武器的种类。

③尽可能少地使用人物作为编码，如"妇女""医生""工人"等。因为倘若我们在记忆的过程中，更加突出的是该编码作为"人"所体现的特点，而非这一特定人群所体现的特点，那这些编码在回忆的过程中将难以区别。例如：医生喝水与工人喝水，本质上并没有区别，无法体现他们的职业特征，回忆时我们将只能想起有人在喝水，而无法确定到底是什么职业的人。

④数字编码所指代的并非词语,而是词语所对应的图像。我们不仅要将编码对应的词语固定下来,还要将每个词语对应的图像固定下来,包括图像的颜色、大小、轮廓、细节纹理等。因此我们在进行编码的时候,所联想到的词语不仅要是名词,而且一定要是实物名词,例如:数字"17"可以对应"仪器",但不可以对应词语"义气"。"61"对应的是"玩具车",而非"儿童节"。"儿童节"只是作为制订"61"与"玩具车"的对应编码时的一个中间过渡。

⑤笔者所提供的数字编码表(表2-1)仅供参考使用,读者必须根据自身的喜好在此基础上建立自己的数字编码表,越是具备读者自身特色的数字编码表在使用的时候就越能代入积极的情感体验,从而增强记忆效果。

表 2-1 数字编码表

数字	编码词汇	联想方式	数字	编码词汇	联想方式	数字	编码词汇	联想方式
00	望远镜	形状	13	针筒(医生)	谐音	26	河流	谐音
01	冠军奖杯	常识	14	钥匙	谐音	27	耳机	谐音
02	铃儿	谐音	15	鹦鹉	谐音	28	火把	谐音
03	梳子	形状	16	石榴	谐音	29	红酒瓶	谐音
04	旗帜	形状	17	放大镜(仪器)	谐音、逻辑	30	三轮车	谐音、形状
05	钩子	形状	18	腰包	谐音	31	鲨鱼	谐音
06	蝌蚪	形状	19	药酒	谐音	32	扇儿	谐音
07	锄头	形状	20	恶灵	谐音	33	红星	拟声
08	葫芦	形状	21	鳄鱼	谐音	34	寿司	谐音
09	九尾狐	常识	22	爱心	常识	35	珊瑚	谐音
10	棒球棍	形状	23	婚纱	谐音	36	奶粉	逻辑
11	筷子	形状	24	闹钟	常识	37	炸弹(生气)	谐音、逻辑
12	婴儿	谐音	25	二胡	谐音	38	妇女(妇女节)	常识

续表

数字	编码词汇	联想方式	数字	编码词汇	联想方式	数字	编码词汇	联想方式
39	山丘	谐音	57	斧头（武器）	谐音	75	蝴蝶	谐音、逻辑
40	手枪（司令）	谐音、逻辑	58	电脑（网吧）	谐音	76	汽油	谐音
41	蜥蜴	谐音	59	蜈蚣	谐音	77	机器人	谐音
42	食盒	谐音	60	榴梿	谐音	78	青蛙	谐音
43	狮身人面像	谐音	61	玩具车	常识、逻辑	79	气球	谐音
44	蛇	拟声	62	牛儿	谐音	80	保龄球	谐音
45	佛珠（师傅）	谐音	63	流沙	谐音	81	白蚁	谐音
46	饲料	谐音	64	螺丝	谐音	82	靶儿	谐音
47	方向盘（司机）	谐音	65	尿壶	谐音	83	宝刹	谐音
48	石板	谐音	66	溜溜球	谐音	84	巴士	谐音
49	床（睡觉）	谐音、逻辑	67	油漆	谐音	85	项链（宝物）	谐音、逻辑
50	书（武林秘籍）	谐音、逻辑	68	喇叭	谐音	86	白鹿	谐音
51	扳手（劳动节）	常识	69	八卦阵	形状	87	锤子（霸气）	谐音、逻辑
52	屋儿	谐音	70	麒麟	谐音	88	粑粑	谐音
53	长枪（武神）	谐音、逻辑	71	鸡翼	谐音	89	芭蕉	谐音
54	武士刀	谐音	72	企鹅	谐音	90	工作台（九零后）	谐音
55	火车	拟声	73	花旗参	谐音	91	球衣	谐音
56	蜗牛	谐音	74	白马（骑士）	谐音、逻辑	92	篮球（球儿）	谐音、逻辑

续表

数字	编码词汇	联想方式	数字	编码词汇	联想方式	数字	编码词汇	联想方式
93	旧伞	谐音	96	酒炉	谐音	99	公鸡（雄赳赳）	谐音、逻辑
94	太阳（救世）	谐音、逻辑	97	棋盘（旧棋）	谐音、逻辑			
95	救护车（救我）	谐音、逻辑	98	沙发（酒吧）	谐音、逻辑			

图片选取

在我们确定了100个数字编码的词语之后，我们就进入了制订编码的第二步：选取图片。我们要为每一个词语找到一个对应的图片，并将其与词语表对应起来，放在同一个文件夹中，便于记忆和复习。只有完成这一步，编码的制订才算是初步完成。

为了保证记忆的效率和后续的发展，图片的选择也有需要遵守的规则：

（一）真实性

我们选取的图片不能只是一张随意的二维图片，它所代表的是一个真实的物品或生物。这是因为我们在记忆和回忆的过程中，并非在一个平面内去想象一幅动画，而是要想象自身外在真实的空间当中，目睹一只真实的机械鹦鹉和巨大蚂蚁之间的恩怨情仇，这样的记忆效果更佳。因此我们选取图片时，要选择那些能够通过观察在脑海中生成真实三维物品或生物的二维图片。条件允许的情况下，我们甚至可以寻找该物品或生物多个角度的图片，以辅助自己在脑海中对其三维化。

但真实性并不意味着读者不能将喜欢的动画人物或是电影中的神奇道具或生物作为编码。恰恰相反，这些超出现实生活、充满想象的事物更加能够打开我们的思路，也更适合作为编码。只要我们能够将其在脑海中转化为具象化的事物，它原先是以什么样的形式呈现并无太大关系。

（二）简朴

我们所选取的图片要尽可能简单，即事物的轮廓要尽可能简单，颜色数量尽可能单调，物品纹路能省则省，以减少大脑在生成图像时的思维负担，从而提高记忆的速度。关于这一点，我们只需要有意识地挑选即可，倘若追求极致的简朴而忽略了图像的区分度，则会陷入矫枉过正的误区。

（三）区分度

我们在选取图片时，要注意图像的轮廓、形状要有一定的区分度，例如："水杯"和"油漆桶"要尽可能避免都使用圆筒造型，可以牺牲一定的简朴程度，如通过为水杯增添把手来提高区分度。这是因为在记忆的过程中，为了提高记忆的速度，我们往往只重视编码的一部分细节而非面面俱到。因此倘若图像的轮廓相似度太高，回忆的时候容易出现无法辨识的状况。但是整整100个编码，想要在兼顾记忆效果的前提下，全部做到极大的区分度并非易事，故而这一点上，量力而行即可。笔者将在后续的篇章中，讲述处理相似编码的区分技巧。

在制订编码的过程中，读者务必要遵循笔者上述的诸多原则，这些原则都是先行者在不断的尝试中总结出来的宝贵经验，或许读者在设计编码时还不能完全了解为何要遵循这些原则，但随着后续正式训练的展开，笔者相信读者对上述原则的认识将会更加深刻。

制订动作

在选取完合适的图片之后，编码的制订算是初步完成了。但是我们还需要对其进行更进一步的制订，以提高记忆的速度和准确度，即确定每个编码的使用方式。这是因为我们对信息的记忆是通过令信息形成的各个图像之间发生互动来实现的。所以每一个编码都有机会作为动作的发起者对其他编码实施某一动作从而进行编码间互动。而提前制订好每个编码的使用方式，将为我们运用编码提供一定的方向。对于整个记忆的过程而言，事先确定好的因素越多，在记忆的过程中需要做的信息加工越少，记忆速度也会更快。如在先前的例子中，钥匙通过插入其他事物中旋转，并将其激活而发挥作用。

编码的使用方式在竞技记忆的术语中，被称为：编码动作或动作。此处需要特别强调的是，编码的动作是指该编码主动对其他编码做出的动作，从而对其他编码造成一定的影响，而非该编码被动遭受来自其他编码行使的动作。即我们要使用把字句对编码的动作效果进行描述，而不能使用被字句对编码的动作效果进行描述。如鹦鹉的动作是"鹦鹉把球抛下"而非"鹦鹉被钥匙激活"。

这是因为当我们将信息想象为一系列图像，再组成动画时，每个图像出现的顺序代表着它在原始信息中的排列顺序，这个顺序默认为是不可调换的。为了在使用图像记忆时不会混乱记忆的顺序，我们引入了一系列的区分顺序规则，其中最重要的一点就是：主被动区分法。即先出现的编码是动作的主体，对其他事物造成影响。初学者往往分不清这两者的关系，因此发生记忆顺序混乱。

设计动作的过程同样有需要遵循的规则：

（一）简单

在制订编码时，工序越是简单，越有利于提高记忆速度和准确度，而在设计动作的时候我们依然要遵循这一规则，选择尽可能简单的动作。有些初学者为了追求完美的效果，会给编码的动作增添繁复多样的效果，这无疑会让印象更加深刻，但也毫无疑问会增加大量的记忆时间。与实用记忆不同，竞技记忆追求的是短期内记住大量信息，对于记忆保持时间的要求相对要低得多，更加考验我们在记忆速度和准确率之间的抉择，即如何更高效地利用时间。因此我们对编码动作的设计要尽可能限制在2个动作之内，最好只用一个动作，如"推""拉""砸""刺"等。

（二）思维定式

大多数编码在现实生活中都有其固定的使用方法，如"锤子"的动作是"砸"，"长枪"的动作是"刺"……这些编码在现实生活中的用途都非常适用于记忆的过程，那我们直接使用它即可。

（三）突破思维定式

一些编码缺少可以对其他物品使用的常规动作，如"花旗参"在日常生活中是一种食物，是"被吃"的角色。初学者在编码时，经常会将"吃了花旗参会促进身体健康"的效果作为花旗参的动作，在这个效果描述中，花旗参是被吃掉的，并非主动做出动作，因此这不是一个符合要求的动作。面对这种情况，我们要发挥想象力，为编码制订一些超出现实限制的动作。例如：我们可以想象花旗参的触须可以无限延长，像树根一样将其他编码缠绕住。

再如："靶儿"在现实生活中它常常处于被动的状态，即被箭射中，但是我们需要为它制订一个主动动作，例如："从靶心发射光波"这一在现实生活中不可能出现的动作。

此处我们引入一个拓展思维的方法：概念化。即将原本具体的编码概念化为它的引申义。如将"河流"引申为水，它既可以是滔天的洪水，也可以是飞流直下的瀑布，还可以是连绵细雨，这一切取决于记忆的具体情境。

又如："闹钟"也是一个自己完成全部动作的物品，一般不会直接对其他编码造成影响。此时，我们将其引申为时间的概念，即当它施展动作时，另外一物品的时间将会飞快流逝，如快速成熟、老化等。从这个例子中我们可以看出：一个编码对另一物品的作用并不一定要是物理上的接触，还可以是其他的方式。如："放大镜"的作用，可以是将另一编码体积放大；"爱心"是传递一种喜爱的情绪等。

（四）区分动作

在编码的制作中，难以避免会出现形状相似的编码。为了减轻这一状况带来的记忆混淆，我们需要在编码的动作上进行区分。例如：先前提到过的"刀"和"剑"，它们的形状与作用相似，为了对它们进行区分，我们要赋予它们辨识度较大的动作。如：赋予"刀"将物品竖向劈成三段的效果，赋予"剑"将物品横向砍成两半的效果。

综上所述，我们要根据编码的特性和编码间的区分为数字选择编码并设计动作。在我们设计动作的过程中，倘若遇到难以想象画面的情况，可在网上寻找该事物相关的视频，通过观看视频来促进对画面的想象。

熟悉编码

在我们的设计编码完成之后，接下来要完成的任务不是着手用这套编码记忆数字，而是熟悉编码。在看到任意两位数的数字之后，我们都要能在头脑中快速反应出它对应的图像。只有这样，我们才能更流畅地进行数字记忆的练习。

第一步，我们将100个编码分成10组，"00~09"一组，"10~19"一组，以此类推。在初步记熟一组编码之后，再进行下一组编码的记忆。前期对于大部分编码而言，看到数字我们会先去默念数字的读音并联想它的谐音，想起它对应的词语，再根据词语想象对应的图像和动作。词语跟图像的对应往往较为轻松，从数字跳转到词语的过程最为困难，这也是第一个要攻克的难关。

第二步，在初步记熟100个编码之后，我们要进行组内的出图训练，即看到随机的二位数数字后在脑海中反应其图像的训练。我们将反应较慢的编码挑选出来，做针对性的训练。当每一组都能流畅地完成读数之后，我们便进行100个编码全范围内的随机读数练习。需要特别强调的是，读数一定要以出现图像作为最终目的，而非联想起对应词语。

第三步，做限时反应的练习。限定每一个编码读数的时间，以读数100次为一组，进行练习。将每一个编码的读数时间控制在1秒之内，视为完成初步熟悉编码的任务，可以开启下一阶段的训练。我们的最终目标是在看到数字的瞬间脑海中出现对应的图像，不需要经过任何思考。在这个过程中要经历不再默念词语和不再默念数字两个阶段，这称为消音。消音是读数的最终目标，但不是一定要达到的前提条件。一些学习者执着于将自己的读数练习到消音的阶段，这是不正确的。笔者认为在看到数字之后，能够一边默念数字一边在脑海中出图，而非在默念数字之后再去出图便足够了。强迫自己不读出声音反而会产生不适感，导致思维卡壳，记忆节奏不顺畅。随着自身记忆能力的提高，自然而然会达到消音的程度。

联结训练

初学者前期共有两个训练项目，一个是读数训练，另一个是联结训练。为了更好地理解联结训练的意义，我们先来介绍竞技记忆中数字记忆的方法：地点桩记忆法。

假设我们要记忆：14159281268928498435这20个数字，首先，每四个数字分为一组，共计五组：1415、9281、2689、2849、8435（国内最为主流的方法就是将四个数字分为一组，倘若要记忆40个数字则需分为10组）。

其次，要选择一处记忆这组数字的场景，此处笔者选择的是餐厅的一角（图2-1）。

图2-1 餐厅的一角　　　　　图2-2 记忆场景1

在个场景中，我们要选择五个有代表性的小场景作为记忆这五组数字的承载面。笔者此处选择的是：吊灯、餐桌、沙发、垂直大灯、盆栽。这些小场景称为地点桩或地点。

①1415，我们先将其转化为"钥匙"和"鹦鹉"的图像，再将这两个图像放置在吊灯上（图2-2），即想象钥匙和鹦鹉在这一地点上进行一定的互动。由于钥匙先前设定的动作是：插入另一物品中旋转，并将其激活，因此我们遵循这一动作要求，想象一只鹦鹉站在吊灯上，一把钥匙插入鹦鹉的背部旋转，鹦鹉随即苏醒过来。

②9281，我们先将其转化为"球儿"和"白蚁"的图像，再将这两个图像放置在餐桌上（图2-3），即想象球儿和白蚁在这一地点上进行一定的互动。我们对篮球预先制订的动作是砸向另一物品，此处我们遵循这一动作要求，想象一颗篮球从高处落下，砸在餐桌上的蚂蚁身上。

图2-3 记忆场景2

③2689，我们先将其转化为"河流"和"芭蕉"的图像，再将这两个图像放置在沙发上（图2-4），即想象河流

和芭蕉在这一地点上进行一定的互动。我们对河流预先制订的动作是形成大瀑布冲刷另一物品，此处我们遵循这一动作要求，想象沙发上立着一根芭蕉，它正遭受着瀑布的冲刷。

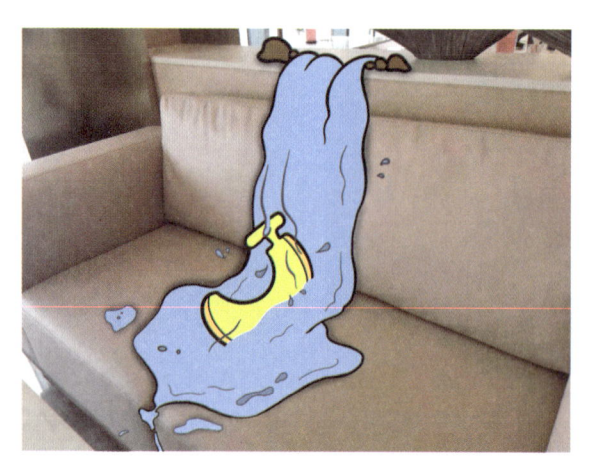

图2-4　记忆场景3

④2849，我们先将其转化为"火把"和"床"的图像，再将这两个图像放置在垂直大灯上（图2-5），即想象火把和床在这一地点上进行一定的互动。我们对火把预先制订的动作是将另一物品点燃，此处我们遵循这一动作要求，想象一张立着的床固定在了灯上，火把将这一张床点燃。

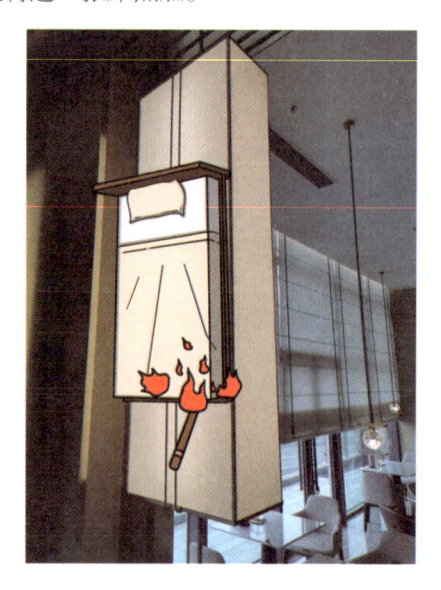

图2-5　记忆场景4

⑤8435，我们先将其转化为"巴士"和"珊瑚"的图像，再将这两个图像放置在盆栽上，即想象巴士和珊瑚在这一地点上进行一定的互动。我们对巴士预先制订的动作是撞击另一物品并将其撞裂，此处我们遵循这一动作要求，想象盆栽上有一株珊瑚，空中飞来一辆巴士撞击在了珊瑚上，将其撞裂。

图2-6　记忆场景5

至此，我们就完成了这20个数字的记忆。当我们要提取这些数字的时候，我们先回忆起承载着20个数字的地点：吊灯、餐桌、沙发、垂直大灯、盆栽。再回忆每一个地点上的画面，回想起参与互动的两个图像，并通过实施动作方和接受动作方的区别，判断这两个图像的先后顺序，最后将这两个编码转化为数字。这就是使用地点记忆法记忆数字的完整过程。只要我们事先记住了地点的排列顺序，就能准确无误地将数字复述出来。读者可以盖上书本，尝试回忆刚刚记忆的20个数字，看看自己能否全部回忆起来。

现在我们可以回到联结训练了，在上述的例子中，我们已经对数字记忆有了初步的认知，即它是通过两个编码在地点上依据编码动作进行互动实现的。我们先前已经制订过了编码动作，但是如何灵活地运用，还有繁多的技巧需要练习。例如：锤子在砸向钢琴的时候，是砸钢琴的琴键还是谱架；锤子砸向水面的时候，如何解决有力使不出的问题等。这些都需要在练习中不断思考和揣摩，总结出自己的心得。

联结训练就是通过将随机出现的四个数字转化成两个编码，在脑海中令这两个图像进行互动的过程，一方面它可以提高学习者运用编码的熟练程度，另一方面也是打磨编码使用方法的过程。我们可以用《最强大脑》胡小玲的微信公众号中的数字闪现进行练习。联结训练可采用100次联结为一个组,最开始的练习不需要在意时间,更重要的是揣摩联结的方式,在逐渐习惯之后,我们就要有意控制联结的时间了。随着我们对联结的逐渐熟练,联结的时间也会逐渐缩短。当每次联结的时间控制在2.5秒时,我们就算初步达成目标,可以开始下一步的学习。

第二节 数字记忆

我们先前的学习都是为了数字记忆的练习打下基础,现在我们要正式地开始数字记忆的学习。先来介绍数字记忆常用的材料:随机数字表。我们训练的时候,通常使用的是这种一行40个数字、一页25行,一页共计1000个数字的随机数字表。初学者一般以一行为一个单位进行记忆练习。也就是说,我们只需要准备十个地点,就可以完成一次数字记忆练习。为了防止在阅读的过程中看错、看漏数字,笔者建议读者训练的时候拿一支笔在手上,每出图一个编码,就在这个编码下方打一个逗号进行间隔。这样不仅方便记忆者准确地识别自己要记忆的数字,还可以找到数字记忆的节奏,提高记忆的准确性。

4060187488510558020996059185107731186823	Row1
7377917377648738733520566290831354832 30	Row2
0885764367934814208937767057640950535775	Row3
0990440932432863966810027450164719471 76	Row4
4786971757928700448122846627300150351 6	Row5
4151161053450414668227832796246238917 3408	Row6
7975945073139190799206688795904727680 0062	Row7
4853888419274400637620524915086099717 66	Row8
2403150775687114347581765405483415395 80	Row9

在上一节中,我们已经讲解过其中需要注意的是,40个数字的记忆从头到尾只记忆一遍,又称:看一遍。即我们从头到尾将20个编码放在地点上之后,就代表着

记忆结束，不进行复习、回看。而关于寻找地点的部分，读者请先行翻到"打造记忆宫殿"的篇章进行学习，之后再回过头来阅读这一章节后续的部分。读者在找到十个地点之后，就赶紧开始自己的第一次40个数字的记忆尝试吧！记忆结束后别忘了及时默写并核对答案，检测自己的记忆成果，与此同时还要对出现的错误进行思考，找到遗忘或者犯错的原因，并想到解决的办法。总结每一次记忆练习，才可能让训练发挥最大的效果，更快地提高记忆水平（前期的每一次有意义的错误都需要整理在固定的笔记本上，方便回顾）。

刚开始训练时，初学者的地点往往不会特别多，记忆速度也不会特别快，并不能、也不需要进行大量的记忆训练。除了读数训练和联结训练，当初学者使用完自己所有的地点之后，一方面要尝试着寻找更多的地点来进行记忆训练。另一方面则要更大限度地发挥已有地点的作用，进行带桩联结的训练。带桩联结指：对当日已经使用过的记忆地点进行多次利用，将其用来记忆其他数字，但不需要进行回忆。这一训练旨在熟悉编码和地点间的互动，练习编码在不同地点的适应情况，以及熟悉地点的使用方式。通过模拟数字记忆的全过程，可以找到记忆节奏，提高记忆过程的熟练度。

我们在记忆的过程中，会用到形形色色、各式各样的地点。两个编码之间的其中一种互动方式可能适用于一类地点，但并不适用于另一类型的地点。特别是在找到新的地点之后，记忆者往往不能够马上熟练地使用这一组地点，需要不断地摸索，挖掘每一个地点的使用方式，逐渐掌握该组地点的用法，将其培养为黄金桩。

一般以40个数字为一组进行带桩联结训练即可。当地点使用完毕之后，可以重复地多次使用同一组地点进行练习。除此之外，如果对某两个编码形成的组合特别生疏，我们可以对其进行专门的训练，将这四个数字放在不同的地点上，进行带桩联结。通过不断地摸索，掌握这两个编码组合的使用方式。

我们要特别注意的是，在带桩联结的过程中，要避免飘桩的状况。所谓的飘桩，是将图像随意地放在地点上，脑海中只出现模糊的图像和动作，却没有将注意力集中在这个地点上，也未完整地将联结过程做好，就急切地想跳到下一个地点上。这是竞技记忆中的大忌，因为飘桩往往会给记忆者一种自己记忆速度很快的错觉，但是在真正的记忆过程中，飘桩会导致记忆准确率大幅下降，记忆者也清楚地知道这一点。盲目地追求记忆速度而完全不考虑准确率，这样的练习作用是微乎其微的，甚至可以说是自欺欺人的。

在记忆的时候，我们要有意识地使用计时器记录自己的使用时间，1分钟记忆40个数字，且准确率保持在100%，这是我们要达到的第一个小目标，达到这一步也就意味着我们的数字记忆学习初步入门了。这个时候就可以开启下一阶段的训练：一次性记忆80个数字。相较于40个数字这种可以依靠一定短时记忆能力的少量内容记忆，80个数字更为考验记忆者的记忆扎实程度。

当我们进行了一段时间的数字记忆训练，我们会明显地感受到自己的快速进步，这是因为只要没有出现大方向上的错误，这一阶段并不需要学习过多的技巧，只需要不断熟练记忆的流程和技巧，记忆速度和准确率都会自然而然地快速提升。但随着不断练习，记忆者会遇到瓶颈，并在与他人的比较中对自己产生怀疑：那些10秒之内就能准确记住40个数字的人，运用的是跟我一样的方法吗？

笔者接下来将会对记忆者在进阶过程中，如何解决各个阶段遇到的问题以及怎样提高现阶段的记忆水平做更进一步的论述。需要注意的是，这些技巧和方法只有经历过一定的训练，水平达到对应的程度才可以理解（笔者建议记忆40个数字的用时达到30秒左右时再开始阅读）。一些高阶的技巧是不适用于初级阶段的（不同阶段的技巧甚至会出现相互矛盾的情况），读者切不可在未接受初级练习的情况下，直接使用书中的高阶技巧。对于书中暂时无法理解的地方，可先放置一旁，经历更多练习之后再回看。此外，下列一切技巧仅代表笔者个人的方法，而并非提高水平的唯一途径。虽说每个选手都是使用地点记忆法，但是在细节的处理上可谓是千差万别，效果却又殊途同归。因此读者不可生搬硬套笔者的一切方法，或者视之为真理（笔者的记忆方式更偏向趣味性，需要添加各式各样的效果，有些记忆选手使用纯粹的画面感同样可以取得非常了不起的成绩）。

编码优化

（一）编码调整

我们最开始制订的数字编码没有建立在实践的基础上，虽然遵循了其他选手所总结的编码制订规则，但是仍然缺乏个人的特色。同样的编码并不一定适合于不同的人，对于使用得不顺手的编码，我们要先分析和调整它的使用方式，包括它作用于其他编码的动作以及它能否承受其他编码对它的动作。此外还要考察是否会与其他编码发生混淆。有些编码可进行多种动作，我们要优先设置那些只有一种动作的编码，在设计动作较多的编码时，要避免和其他编码动作相似。编码往往需要经历多次调整和打磨，才会逐渐顺手。更换编码是一件在万不得已的情况下才进行的工序，因为这意味着前面关于这个编码的读数、联结训练不仅没有任何作用，还会给新编码的熟悉形成障碍。因此笔者建议优先考虑下列其他的办法，并且在编码最终确定之后，就不要再轻易更改。

（二）编码生命

在使用编码进行联结时，有些记忆者会无法理解为什么在没有人操控的情况下，物品可以独自行动。我们要突破现实观念的束缚，想象编码是具有生命的，它们具有主体意识，可以自行施展动作。倘若实在无法跨越这种障碍，我们可以想象编码背后有一双无形的手，有人在背后操控它们。

（三）多动作法

在给编码设计动作的时候，我们通常只设定一个能够应对任何情况的动作，但是在实际操作中我们会发现，有的动作似乎难以作用于一些地点或是编码身上，要解决这一难题，除了更换编码，我们还可以选择设计编码的第二动作。例如："锤子"在大部分情况下都是使用砸烂的动作，但是对于薄薄的刀身很难施力，为此我们给予锤子第二动作——锻造。当"锤子"和武器类型的编码组合在一起的时候，它便不再使在砸烂的动作，而是使用锻造，这样就可以解决编码无法施力的问题。至于编码什么时候使用第一动作，什么时候使用第二动作，则需要不断地练习，以渐渐形成本能反应。

（四）双编码法

有些编码可以很流畅地使出主动动作，但是当它作为被动的一方时，却会令记忆者感到不自然，因此我们可采用双编码的办法，即同一数字作为施力者和受力者时，使用不同但是相关的编码。例如："67"在作为施力者时，它的动作效果是将另一事物染为银色，那"6714"的联结就可以是油漆桶洒出银色油漆将钥匙染为银色，这又可以简化为地点上有一把银色的钥匙，省略"油漆桶"的造型，以加快联结速度。当"67"作为受力者时，显然"银色"这种颜色无法作为受力的对象，因此必须出现油漆桶的造型来承担其他编码的动作。

再如："71"作为"鸡翼"时难以使出主动动作，由于造型相似，我们可以将与"鸡翼"形状相似的"回旋镖"作为"71"是施力者时的编码，但是在作为受力者时，仍然以"鸡翼"作为编码。

（五）编码暴力化

同一个编码有不止一个动作可供选择，如何选取最优解的动作呢？一方面，动作要尽可能地应对多种状况；另一方面，动作要对自己的感官造成尽可能大的刺激。相较于抚摸和安放之类的动作，暴力破坏更能给人造成大的感官刺激，从而延长记忆保持的时间。轻柔地安放往往会因为编码与编码，以及编码与地点之间的联系不够密切而被快速遗忘，这也是很多记忆者将"砸"奉为最强动作的原因。读者可以尝试在想象编码做出动作的同时想象物体碰撞的力量感，将自身使用力量的感觉带入编码之中。

（六）引申动作

有些时候，编码的动作虽然施展得并不令人舒服，但是我们并不需要为它设计第二动作，只需要引申第一动作的使用范围，就可以使用于其他场合。例如："尺子"的动作是测量长度，那"尺子"与"山丘"联结，就是尺子要测量山丘的海拔。当"尺子"与"药酒"或是"闹钟"进行联结时，相较于测量它们的长度，测量药酒的功效，或测量流逝的时间将会让联结变得更加令人舒服，此时尺子的作用已经不只是测量长度了，而是可以测量万事万物。

（七）小编码处理法

不同的数字编码在体积上存在参差，比如"蚂蚁和山丘"，当它们进行互动的时候，要适当调整它们的体积，将它们进行一定比例的放大或是缩小，使它们的体积差距控制在一定范围内，降低想象的难度。此外，我们还可以通过改变编码数量的方式调整它们的体积，如大量的蚂蚁形成的蚂蚁军团，也会形成很强的视觉冲击。在过去的教学中，笔者也曾见过无法将编码在想象中放大或是缩小的学生，这需要学生多多锻炼自己的想象力，并尝试观看一些相关的动画作品或是科幻电影来进行锻炼。

（八）编码简化

当我们的竞技记忆水平提高到一定程度之后，就会发现编码与其他编码互动时真正使用的只是整个编码的一个部分。例如："公鸡"每次都是用嘴巴去啄；鳄鱼每次都是用大嘴去撕裂；鲨鱼每次都是用尾巴去抽打……因此在记忆的过程中，想象这些动物身上其他的部位似乎就没有必要了，反而会增加想象的负担，延长记忆时间。鉴于此，我们需要对编码进行简化：如"99"的编码图像是"公鸡的嘴"而非"公鸡"，"31"的编码图像是"鲨鱼的尾巴"而非"鲨鱼"。而这一些的改动，需要读者达到20秒以内记忆40个数字且遇到瓶颈的时候再进行，因为此时读者对数字记忆的理解才算是具备了一定水准，编码的简化才能朝正确的方向进行。这些改动也要记录在先前做好的数字编码文件当中。

记忆过程优化

（一）编码顺序区分方式

在前面的学习中，我们知道两个编码的先后顺序是通过实施动作和接受动作来区分的，如"9281"是球儿砸在白蚁身上，"8192"则是一群白蚁爬在球儿身上将其蚕食。但是这只是区分编码顺序的其中一种方式，称为动作区分法。

除此之外，我们还可以用方位和逻辑等方式进行区分。而方位又分为上下关系和包含关系两类。上下关系是指在整体画面中处于垂直方向上方的编码是第一个编码，位于下方的编码是第二个编码。如"9339"就是一把旧伞立在山丘上，"3930"就是三轮车上有一座山丘。包含关系是指在整体画面中两个编码完全或部分嵌套，此时处于外部的是第一个编码，处于内部的是第二个编码。如"9663"就是酒炉里有流沙，"5861"就是电脑里有辆玩具车。至于利用逻辑来区分的方式，我们将在下面详细阐述。

（二）真实感

真实感是指我们在想象画面时，要有身临其境的感觉，想象那些故事是在我们眼前发生的。这需要一定的想象能力支持。我们想象的时候，要以第一视角观察地点上发生的事情，观察的角度也需要尽可能固定下来。每一次使用某一地点都尽可能保持相同的距离，站在相同的高度去观察，但面对特殊情况时，也可以发生变化。

正是因为这份真实感，我们在看到一些镜头的时候，会产生恐惧、兴奋、疼痛、悲伤等感觉，以及与物品接触时的触觉。例如：在想象"首饰"时，就可以加入接触饰品时冰凉的触觉。真实感是使记忆更加深刻，延长记忆保持时间的最重要的方法之一，读者一定要尽可能地掌握。

（三）空间感

空间感往往与真实感相伴。它是指编码与地点间的互动不困于二维平面，而是三维立体的。例如，先前例子中提到的餐厅的吊灯上，有一只插着钥匙的鹦鹉。这一盏吊灯并非任何一盏模样与图片中相同的吊灯，它就是特指那个餐厅中的那一盏灯，记忆者需要想象自己站在餐桌前对其进行观察。

地点并不是一个点，而是一块较大的空间。编码之间的互动只需要在地点中一小块的空间内进行，不需要占满全部的空间，因此我们每一次使用的空间要固定，这样才不会出现回忆时漏掉编码的情况。

此外我们还需要注意的是，地点是存在于那一处空间中的，是不可以被移动的。我们可以将地点破坏，将一部分地点与主体分离，但地点是不可以被挪动的，假设地点都消失不见了，那我们又如何去寻找它所承载的编码呢？

（四）多感官法

记忆的过程中，除了加入空间感之外，还可以在特定的情景下运用其他感官，如使用"药酒"时加入难闻的气味；大巴飞驰而过时，会激起一阵气浪等。严格意义上，多感官法属于真实感，但此处为了强调它的特殊性，将其作为单独的一种方法进行讲解。

在现实生活中，多种感觉是作为一个整体出现的，但是在记忆的过程中，同时加工多种感觉对大脑的负担太大，需要消耗较多的时间，因此除了必须出现的视觉，我们往往只附带一种额外的感觉以辅助记忆。这种感觉不是在联结的其他环节完成之后，再作为装饰品加上的，而是在联结的过程中自然而然想到并直接生成的。例如："巴士"撞在"山丘"上时，会产生巨大的冲击力，倘若我们此时坐在巴士内，就会身体向前倾斜并被安全带拉回到座位上。这一切的感觉是在撞车的瞬间产生的，是记忆者不假思索生成的，而不是撞车的画面出现之后，记忆者觉得只有画面印象不够深刻，经过思考后加上去的。在碰撞发生时，记忆者口中默念

"砰"的拟声词，将更有助于触觉的生成。

倘若在记忆发生时并没有生成这样的感觉，则不需要刻意追求，应该顺其自然地跳转到下一个地点上，避免记忆节奏被破坏。但是在记忆结束后，可以针对性地练习多感觉的生成。

（五）情感

情感和感觉一样也属于真实感的一种，即在联结的过程中产生恐惧、兴奋、悲伤等感觉，以提高记忆的质量和记忆保持的时间。如在记忆"5798"时，随着斧头将钢琴砍碎的还有一种大快人心的感觉，这是因为我讨厌这台钢琴，所以砍碎它我感觉很快乐。情绪的加入和感觉的使用一样，也是在联结的过程中顺其自然地发生，而不是后续加上去的。

（六）逻辑感

两个编码不是无缘无故产生联结的，为何要进行联结、进行什么样的联结、联结会造成什么样的后果等，都对联结的合理性产生影响。逻辑感就是指这种联结的合理性，逻辑感越强，联结的发生越合理，记忆效果越好。

举个例子：当我们在"黑板"这个地点上记忆"老师"和"尺子"两个编码时，除了直接使用前面提到的暴力联结方式：老师用尺子在黑板上扎了一个大窟窿之外，笔者更推荐使用逻辑来进行处理：老师用尺子在黑板上划线。在先前的教学中，我们已经知道，除了出现图像，我们还需要一些因素来辅助记忆，如感觉。广义上来说，逻辑也是感觉的一种。在这个例子中，它模拟了一个现实生活中的场景：教室、教师和教具，合理得让人们很难不将它们联系在一起。

但这种完美逻辑在竞技记忆中并不多见，笔者还是举之前餐厅里的例子帮助读者更好地理解逻辑法的使用。如吊灯上有一只鹦鹉被钥匙唤醒，为什么要将鹦鹉唤醒？是因为餐厅是吃饭的地方，鹦鹉在吊灯上影响客人吃饭了。为什么要用篮球砸餐桌上的白蚁？是因为白蚁在餐桌上，妨碍服务员上菜了。巴士为什么要将珊瑚撞坏？是因为这一株珊瑚太丑了，客人不喜欢。在上述的例子中，围绕着餐厅这一组地点的属性，我们赋予了每一个地点上的故事发生的合理性。和感觉的使用一样，逻辑也是在联结的过程中顺其自然地产生的，而不是后续加上去的。

逻辑感包括编码与编码之间的逻辑、编码与地点间的逻辑，以及地点与地点的逻辑。上述例子使用的是编码与地点间的逻辑，地点间的逻辑通常只有在长时项目中使用，笔者会在长时项目的篇章中讲述。

初学者或许无法理解为何要在记忆中加入逻辑，有些记忆者希望把事情简单化、纯粹化，希望把记忆当作一个不断出图的过程。在初学阶段这是可行的，但随着水平的提高，记忆的速度越来越快，脑海中的图像质量也经历了从越来越清晰到不断模糊的阶段，纯粹地依赖图像记忆的准确率难以避免地会开始下滑。这时要进一步精进，通常来说有两个选择，一是专注于打磨图像，二是加入其他的手段辅助图像。无论是情感、逻辑还是感觉都是第二类方式。大多数记忆者也是在这分道扬镳，选择了属于自己的精进之路。

（七）节奏感

前文多次提到不要在联结结束之后再去添加效果，这是为了不破坏记忆的节奏感。节奏感是所有竞技记忆中都必须要用到的一种非常重要的技巧。它是建立在联结和带桩联结都非常熟悉之后，记忆过程中自然生成的一种记忆习惯。即我们想到地点、看到第一个数字、出图、看到第二个数字、出图、编码地点互动的整个流程都是按照一定节奏进行的，记忆者的注意力在每一个地点上耗时是几乎相同，以一定速率在地点间跳动。节奏被破坏就如同快速行驶的车辆突然猛踩刹车一般，会给记忆者带来极大的不适感。

节奏感不仅可以保证我们的记忆质量，还能让我们在赛场上发挥出自身的真正实力。有节奏地记忆可以保证记忆者的记忆速度始终保持稳定，在赛场上的记忆速度和平时训练保持一致，不会因为紧张或着急的原因，记忆过快或是过慢。过快易导致记忆不稳，即每一个地点都没有处理好，记忆全线崩盘；过慢易导致记忆成绩远低于平时水平。有些选手在比赛的时候，倾向于稍微压低速度来确保准确率，但有时速度压得太过，不在自己节奏的掌控范围内，由于不习惯新的记忆速度，同样有可能导致全线崩盘，即完全回忆不起来任何内容。

节奏感没有速成的方法，需要记忆者在记忆时，刻意关注，逐渐形成。对于只记忆一遍，不需要复习的项目，记忆过程大致分为：起步阶段、匀速阶段和冲刺阶段。起步阶段是指每一次记忆刚开始时，大脑从平静状态进入记忆状态，记忆速度逐渐变快直至平稳的过程。这通常需要一两个地点作为缓冲。有些选手习惯性遗忘开头一两个地点上面的内容，部分原因就是他们不给自己缓冲的时间，想要一开始就进入状态，在看到第一个编码时，没有停留足够的时间就向后看，过于心急。匀速记忆阶段则是用习惯的节奏进行平稳记忆的阶段，这个阶段维持的时间最长，也是最不容易出现差错的阶段。冲刺阶段又称抢记，即在记忆的最后阶段，剩下约4个编码时，记忆者不再出图放地点，而是默念数字随即结束计时，之后再将数字转化为编码放在地点上，节省了数秒的记忆时间。当记忆节奏被打断时，如果不能及时调整，往往这一次记忆就以失败告终了。遇到这样的情况，我们需要及时调整心态，在处理好这一导致卡顿的地点之后，从下一个地点开始重新起步，抛弃"不能完美发挥"的心理压力，只求获取一个完整的成绩。

但我们需要注意的是，节奏感的稳定性带来的高准确率，易让记忆者进入舒适圈而不愿意继续突破瓶颈，从而无法提高自身水平。换言之，记忆者在提升水平的过程中，不可避免地会有一段时间出现高错误率（初学者一般不会出现这样的瓶颈），需要记忆者打破原本的节奏，重新建立新的节奏。因此记忆者通常在休赛期水平有较大的提升，到了比赛密集的月份水平则趋于平稳（但是对于第一年参赛的新人而言，每次比赛之后水平都会自然而然获得大幅度的提升，并不需要刻意求稳而停滞不前）。

（八）互动的细节类型

在先前的教学中，笔者甚少讲述编码与地点联系时的细节处理技巧，这是因为只有在经过自己的摸索之后，才能够体会使用这些技巧的原因和它们能带来的效果。我们在记忆或是带桩联结时，难以避免会遇到编码和地点无法舒服地契合的情况，在此笔者提供多种编码与地点的互动方式供读者参考：

①编码一在地点上对编码二做出动作，如锤子把桌子上的钢琴砸烂了。这种互动的方式是最为常见的，也是读者最为熟悉的。在这种方式中，地点在物理意义上并不参与到编码的互动当中（可用逻辑和情感等参与），地点是作为一个呈现编码互动的平台存在的。

②编码一用编码二在地点上做出动作，如婴儿拿着锤子把桌子砸烂了。在这种互动方式中，施展动作的不再是编码一，而是编码二。这与很多记忆者的认知相违背：动作不是区分编码先后顺序的关键因素吗？编码二使用动作，在回忆的时候

岂不是会混淆？其实，只要我们了解区分先后顺序的逻辑就不会被这一点困扰了。我们确实是通过动作的施展来区分编码的先后顺序的，倘若编码二对编码一施展动作，那我们确实会混淆编码的先后顺序，但是在此处，编码一不但没有接受编码二的动作，反而操纵着编码二，换言之，编码二是被编码一操纵的，因此这并没有违背我们的区分逻辑。在这一情况中，接受编码二动作的对象是地点，而非编码一。通常只有在编码一为动物或是人类时，方可考虑使用这种互动方式。

③编码一对地点做出动作，随后编码二出现，如锤子将桌子砸烂，在桌子的裂缝中发现宝藏。在这种互动方式中，编码一的动作将直接落在地点身上，但我们并不需要担心它会和上一种方式中编码二的动作作用于地点相混淆，因为编码二是随后出现的，这一种方式往往适用于编码一对地点做出一系列动作后，在地点中发现编码二，即有一种编码二是被隐藏起来的物品的感觉。

④编码一对地点做出动作，编码二再对地点做出动作，如锤子把桌子砸烂了，扳手再将桌子修复。在这种互动方式中，最特殊的一点就是两个编码都会对地点做出动作，这通常用于几种特定的定式情况，即第一个编码是具有破坏属性的，第二个编码是具有修复属性的。我们必须确定某一种定式，如确定"先破坏后修复"的定式，在出现编码一有修复属性，编码二有破坏属性时，将不能沿用这一互动方式，否则将会出现混淆。

⑤编码一对编码二和地点形成的整体做出动作，如锤子将石板制成的桌子砸烂了。在这种互动方式中，编码二和地点融为一体。这种方式还能解决编码二与地点格格不入、难以安放的问题，同时节省了记忆的负担。但是这需要建立在编码二与地点的形状或属性相似的前提下，如将编码"手机"与地点"电视"相结合，将编码"石板"与地点"门""桌子""地板"等相结合。

读者可通过针对性的练习来掌握这些互动方式，如对特定的两个编码和地点，尽可能用上述的五种方式都联结一遍。到这个阶段，单纯的编码间联结已经变得不太重要了，读者应更多地练习带桩联结，将地点与编码的互动相融合。有些选手喜欢练习一万联结，但对于走非纯图像路线的记忆者，笔者并不推荐这种练习。所谓一万联结，就是在"00"到"99"中随机挑选两个编码进行组合，这样的组合种类共计100乘100，即一万种。只要熟练掌握这一万种组合，无论在任何地点上，只要将地点当作平台而不参与编码间的互动，就可以应对所有记忆情况。这种方式理论上是可行的，但是过于机械化，容易导致大脑麻木而出现记不住的情况，只有在图像的处理上有很深的造诣才可以使用。

（九）地点属性

我们知道每一个编码都有其特征，编码在制订动作和使用的时候都要围绕它的属性进行。而地点也同样如此，每一个地点都会因为它的形状以及在现实生活中的使用方式而具有不同的特征。简单来说，地点大致可以分为三类：平面地点，垂直地点，线性地点。顾名思义，平面地点就是有平坦或是一定倾斜的承载面，如桌子、地面等。垂直地点则是完全垂直的地点，如墙壁、大屏幕等。线性地点是指没有支撑面，而是以一条线作为支撑的地点，如晾衣绳、门把手、毛巾架等。

平面地点是最方便使用的地点，编码可以很舒适地放在平面上，其他的两种地点都需要加入一些辅助技巧，才可以将编码稳当地放在上面。垂直地点的第一种使用方式是编码悬浮在空中与地点的表面进行互动，如我们先前餐厅中所举的"2849"的例子。第二种方式是将垂直地点与其内部结构看作一个整体空间，如"1415"和墙壁发生互动，可以想象用钥匙打开墙面，发现墙体内部有一只被囚禁的鹦鹉；倘若是与电影荧幕发生互动，则可以想象用钥匙打开电影荧幕，荧幕亮起后，其中出现一只鹦鹉。

线性地点则要更要注重地点的属性。地点的属性是指地点在现实生活中的用途。例如："1171"倘若与餐桌进行互动，我们可以想象用筷子夹起餐桌上的鸡翼是为了将它吃掉；倘若与课桌进行互动，我们则可以想象用筷子夹起课桌上的鸡翼是为了将它放在柜子里面，因为教室里不能吃东西。上述电影荧幕的例子正是利用了荧幕的属性。由于线性地点缺乏承载面，更加需要与属性相结合。如"1171"与晾衣绳互动，我们可以想象有筷子夹着鸡翼，将其挂在晾衣绳上进行晾晒；"1171"与门把手互动，我们则可以想象用筷子夹着鸡翼，用鸡翼的尖端伸入锁孔当中，把门撬开。当然像是一些线性地点，如毛巾架一类，多条平行的横杠并在一起，同样可以视为水平地点使用。

（十）地点视角切换

当我们完成了一个地点的记忆，要跳到下一个地点上记忆下一部分内容时，有些记忆者习惯于使用视线转移的方式，即想象自己站在那一空间内，通过转动头部和身体将自己的目光转向下一地点。这一方式需要加入旋转的过程，相较而言会消耗更多的时间，特别是在两个相隔较远的地点间切换将消耗更多的时间。因此笔者建议使用瞬移式切换视角的方法切换地点。即在切换地点时，想象自己从站在上一地点的观察视角前，瞬间出现在下一地点合适的观察视角上，快速地进行场景切换，节省了挪动的时间。

心态&状态

（一）舒适感

在上述的记忆方法中，笔者已多次强调了舒适感，编码与编码、编码与地点间的互动一定要建立在自然合理的基础上，不能令自己产生不适感，或是勉为其难才将三者拼凑起来。这里的自然合理并不是指现实生活中能够出现的互动，而是大脑能够接受并没有阻碍地生成图像。

（二）自信心

初学者常会担心自己刚刚并没有将信息记牢，因此反反复复地在一个地点上，多次重复一个动画，在完成图像生成并代入感觉之后，还是不敢切换到下一个地点上。这是一种前期常见的信心不足的表现，其实记忆者并不太需要担心自己记不住的问题，在完成了自己能做到的信息加工之后，就应该一气呵成，继续往下记，前期训练的项目皆为短期项目，不常存在牢固加工之后仍然转眼就忘记的状况，而且即使遗忘也并不是什么大不了的事情，在核对答案之后，总结归纳下次整改就是了。

心理暗示和目标的设立，可以给予记忆者很强的训练动机，让记忆者在短时间内成绩接连突破。倘若完全不抱目标地练习，经历相同的训练，进步程度则要小上许多。

（三）果断

这一章节我们已经讲述了非常多的技巧和方法，但在记忆的过程中，我们不需要在一个地点上将所有的技巧和方法体现出来，在做足针对性的训练之后，我们只需要根据直觉选择自己第一时间想到的互动方式即可，即使其他方法也是可行的。毫不犹豫地做出选择是提高记忆速度并保持节奏感的关键。

（四）注意力

上述所有的方法技巧，归根到底都是建立在注意力的集中上的，倘若注意力不集中，大脑根本无法高速运转，即使强迫性地进行记忆，也多半会出现飘桩的状态。在记忆训练之前，做深呼吸并静坐1分钟，抛开杂念，让自己保持专注状态是有效训练的前提。在比赛的过程中，不可避免会有来自外界的干扰，如计时器发出响声，其他选手咳嗽等。选手通常会使用隔音耳塞来隔绝声响，但当选手的专注度达到一定程度时，即使不需要设备也能自动屏蔽较小的外部干扰。

（五）准备状态

记忆者在记忆开始之前，除了将自己的注意力调整到位，还要进行一定的带桩联结，以找到记忆的节奏，这可以让我们在正式记忆过程中，快速进入记忆状态。在找到节奏之后，我们还需要对接下来要使用的地点进行回忆，倘若地点数量不多，则对每一个地点从头到尾进行回忆；倘若地点数量较多，则可回忆一共需要多少组地点，它们分别是什么。

（六）坐姿

我们在记忆的过程中，常会因为保持高度集中的状态而全身不自觉地用力，缩成一团，坐姿变得极其不端正。有的选手脸几乎就要贴在纸面上，这对于眼睛和脊柱会造成极大的负担。因此为了长期的健康，我们要有意识地控制自己的坐姿。

还有的记忆者在记忆的过程中，会出现抖腿的情况，这同样是不好的习惯，在比赛中还会影响到周围的选手，因此我们同样需要在平时就克制这些动作。

回忆技巧

（一）提取

初学者在进行记忆训练的时候，经常只重视记忆的技巧，而忽视了回忆的重要性。在竞技记忆中，回忆就是回想起每个地点上发生的事情，它才是决定记忆选手成绩的最终因素。要做好回忆，首先就要做好记忆的过程，记忆过程编码与地点之间的联系越紧密，回忆起来就越轻松。其次就是要重视回忆的练习，回忆的能力也是需要通过锻炼提升的。初学者有时认为自己记忆的过程做得不好，就不愿意进行回忆，认为回忆不起来是非常痛苦的事情，畏惧回忆的过程。但越是回避就越是难以得到锻炼，回忆能力就越难以得到提升。真正记忆水平高的记忆者，除了记忆速度快，更为重要的一点是信息提取能力强，能快速检索出自己记忆的信息。

（二）推理

回忆的过程中，难免会出现一时间无法想起来的情况。这说明我们在记忆的过程中并没有记牢，但是没有记牢并不代表我们就绝对无法想起。第一类情况，也是最轻微的情况就是能够写出所记忆的数字，只是无法100%肯定，对于这种情况，我们可以在"00"到"99"的一百个编码中，检索出与作答编码效果或形状相似的编码，倘若能明显辨别混淆与否则最佳，否则我们应当遵循第一直觉进行作答。

第二类情况，则是我们只记得两个编码甚至一个编码的大概轮廓或是动作。同理，我们还是采用排除法从"00"到"99"中，试出最接近的答案。倘若印象足够深，记忆者往往在回想到第一个编码后，就能够快速反应出地点上完成的事件。

第三类情况，则是我们完全不记得地点上发生了什么事情，假设排除法依然无法唤醒我们的记忆，那就确实是记忆牢固程度不足以支持我们提取了。

我们在作答的过程中，先写出自己100%确定的答案，对于不确定的答案，我们可以先行空开，并在旁边写上猜测的答案，等到首次作答完毕后再回过头来推理。有时我们一时间无法想起的答案，隔了一段时间之后，反而不知不觉间就想起来了，因此不到最后时刻，我们不应该轻言放弃。

（三）检查

检查是最容易被记忆者忽视的一步。在平时训练的过程中，检查常被视为不重要的一个环节。但在作答的过程中，将一个地点上的编码写到另外一个地点上，将一个编码写成另一个功能相近的编码等错误时有发生。此外，更常发生的则是笔误。因此，养成检查的习惯有助于我们在比赛中更大概率地发挥出自己应有的水平。

高阶技巧

（一）图像处理

对于记忆初学者而言，图像是记忆准确率的保证，但随着记忆水平的提高，记忆40个数字只需要20秒，甚至少于15秒时，清晰的图像反而成为速度继续提高的阻碍，这时我们需要对图像进行简化。最先简化的是图像的像素，从原先清晰的画面，到纹理逐渐模糊，再到轮廓逐渐模糊，甚至颜色也逐渐模糊，等到40个数字只需10秒，乃至于只需6秒就能记完时，整体的图像已发生了巨大的变化，它甚至无法再被称为图像。这种图像就像是一个模糊的梦境，虽然什么具体的事物都无法看清，但是记忆者依然可以清晰地知道这个事物是存在的，就存在地点上。编码跟编码的接触也不需要清晰到具体部位，但记忆者能很清晰地知道它们之间是有互动的。故而有些记忆者把这种情况称为：无图。由于笔者文笔有限，无法很好地用语言描述这种场景，也无法用图片去解释。但随着记忆者水平的提高，相信你渐渐就能理解这种感觉了。

有的记忆者会担心：这么模糊的图像难道真的能被记住吗？答案肯定的。首先，随着记忆速度的提升，记忆者能更快地进入复习阶段，从第一次记忆，到结束记忆并开始在脑海里回顾，这之间的时间间隔变得越来越短，因此记忆需要维持的时间也可以相对缩短，对记忆质量的要求也会相对下降。其次，随着记忆水平的提高，记忆者对画面的依赖也会逐渐减少，更注重逻辑、情感等其他辅助记忆的技巧。最后，虽然图像逐渐模糊，但这并不代表出现了飘桩。记忆者仍然需要将专注力放在出图上，这样出图的质量对于外人来看似乎很粗糙，但是对于记忆者本身而言，是不差的。

（二）空间代替地点

在短时记忆的项目中，我们常使用小地点，即密闭的小型房间。在这样的空间中，每一个地点的方位感都很强。随着速度的提升，我们对地点的印象也会变浅，但由于我们记得这个联结是在房间中的哪一个方位上发生的，仍然可以推理出来该地点上发生的事情。

（三）黄金桩

随着训练时间增加，我们会发现有些地点使用起来相对于其他地点更加得心应手，这些地点往往是一些小地点，而且具有充足的承载面。我们将其称为：黄金桩。我们通常将这些黄金桩用来记忆短时项目，如快速扑克牌等，它们要求选手在短时间内高速记忆。

（四）力量宣泄

与编码模糊化相对应的，整个动画流程也变得更加模糊。记忆者从看到第一个数字开始，到看到第二个数字为止，便完成了生成图像、思考与地点结合的方式、生成动画的连贯过程。在这个过程中，我们需要通过某种方式快速宣泄编码地点间的碰撞所产生的力量感。第一种方式是打点，在数字记忆的过程中，每进行一次动作，就同时在纸上对应的数字下角画一个逗号，通过笔尖发力将联结的力量宣泄出去。第二种方式是点头，有的选手会随着记忆的进程有规律地点头，这就是一个打节奏的过程，联结中的力量会随着头部的晃动而宣泄。在扑克牌的记忆中，我们也会随着扑克牌的推动将力量宣泄出来，这个我们后面再讲。第三种方式是发声，记忆者可以在每次动作发生时，发出很轻的"嗯"或"砰"等声音。

以上就是笔者所总结的记忆技巧，这些技巧不仅适用于数字记忆，还适用于其他竞技记忆项目。当然，记忆的技巧和方法远不止上述的几种。正如笔者一直强调的，每个记忆者都会有自己独到的记忆技巧。大家在训练的过程中，也会逐渐摸索出自己的记忆体系。

40个数字的记忆，只是一个入门的训练项目，而并非标准的比赛项目，除非有自己特殊的需要，并不需要在40个数字训练上，太过于执着。它更大的作用是让我们消化和理解记忆数字的过程。在40个数字乃至于80个数字的记忆项目中能够得心应手之后（一分钟之内记忆80个数字，且全对的概率很高），就可以着手扑克牌记忆或者其他真正的竞技记忆项目的训练了。5分钟数字才是我们之后重点要学习和训练的项目。

常见问题

1. 记忆的具体流程应该是什么样子的？

答：笔者的记忆流程，是先出现需要使用的地点，再看前两个数字并对其出图。笔在打点的同时看向第三、四个数字，对第二个编码出图，同时思考联结的方式，最后进行整体出图。需要特别注意的是，记忆的过程中，并不是构思好整个事情经过，并在头脑中用语言描述一遍之后，再生成对应的动画。而是在构思好念头之后，便生成对应动画。举个例子，我们想要喝水的时候，内心并不需要用语言的形式给自己下达这样的指令：伸手拿起桌子上的水杯，将它拿到身前，然后张开嘴巴喝水。而是只需要看向桌子上的水杯，出现想喝水的念头，就会下意识地做出上述动作。

2. 如果预先为一个编码制订了"砸"这个动作，那么其他编码还可以使用"砸"这个动作吗？

答：可以，因为编码本身是不同的，即使用了相同的动作，在最终的效果呈现上仍然会有很大差异，不会出现混淆。

3. 编码的主被动需要被固定吗？

答：编码的主被动是指每个编码都有固定的动作以及接受动作的方式。在笔者的记忆体系里，主被动只需要被相对固定，拥有1~3个选项，不需要被绝对固定。对于一些机动性、想象力较好的选手，灵活的变化是更有助于记忆的稳定性的。但是记忆体系毕竟千差万别，对于年龄较大或者想象力较为不足的选手来说，同样可以通过固定主被动来减少每次记忆时，自己需要随机应变加工的信息。虽然笔者的记忆体系较为灵活，但当记忆训练积累到一定量之后，几乎所有可能出现的情况都已经经历过了，此时编码地点的组合与完全固定下来并无太大区别。

4. 联结和读数以及记忆的时间和量应该如何分配？

答：记忆者处于不同记忆水平时，每一种类的训练量都是不同的。在编码还不熟悉的阶段，记忆者只需要进行读数训练。等到编码熟悉之后，在保持读数训练的同时可以加入联结训练。当记忆者可以流畅地进行联结训练之后，就可以找地点开始记忆训练和带桩联结训练了。对于自学的记忆者，笔者并不建议在一开始就找很多的地点，因为在这一阶段，记忆者对地点的感悟还不够深刻，所找的地点不一定适合自己使用，还可能在一个能够寻找100个地点的空间里只找了30个地点，非常浪费。前期只需要30~100个地点，足够进行基础的记忆训练了。当记忆者已经可以很好地进行记忆训练时，读数和联结训练便不再需要了，只需要保持记忆训练和带桩联结训练即可。等到记忆水平达到一定程度，地点数量不能满足训练的需求时，再去找更多的地点，更能保证地点的质量。

5. 读数或者是联结是不是可以有两种速度？

答：是的，读数练习可以分为两类，一类是快速读数，目的是检测自己对编码的反应速度，另一类是慢速读数，目的是对每一个编码进行仔仔细细的回忆，维护读数中的编码精细度。联结训练也是如此，一类是为了练习速度，另一类是为了研究细节。

6. 需要一本记录自己训练情况的本子吗？

答：需要，每次练习完之后，或多或少都会有新的感悟，此时应该记录在本子上，在训练结束后对当天的练习心得进行整理，这有利于我们及时发现问题，用最少的训练量获得最大程度的训练效果，快速进步。

7. 地点有使用疲劳期吗？

答：是的，一组地点在连续使用一段时间之后，就会无法再用来记住新的内容了。此时，地点就进入了疲劳期，这个时候我们应该暂停使用这一组地点。前期一组地点的使用频率大概是一天一次，后期对于短时项目的使用频率大概是两天一次，长时项目则是一个星期一次或是两次。当然存在一些特别的选手，即使是长时项目也能够一天就清空遗忘，地点因此能反复使用。这与个人的联结方式、地点在记忆中扮演的角色，以及个人的记忆特点有关。

8. 瓶颈期是什么？遇到瓶颈期要怎么办？

答：瓶颈期是指记忆者在一个项目上长时间无法突破，如记忆80个数字的时间一直停留在30秒开外，无法跻身30秒大关。前期往往通过提升对编码运用的熟练程度就可以不断进步，不太容易出现瓶颈。遇到瓶颈时需要具体分析，倘若是被速度限制住，则需要打破自己现有的节奏，刻意加速，用新的节奏进行记忆。此时，可以停止训练一两天的时间，让自己淡忘原先的记忆节奏。倘若是速度可以达到，但是准确率无法保证，则需要回顾笔者上述的方法技巧，寻找自己尚未做好的细节加工。

9. 脑子里经常只能看到灰色的影像或是编码在脑海中距离自己非常远，应该怎么办？

答：脑子里常常只有灰色的影像，我们需要多多回看文件夹中整理好的编码图片，每看完一个就闭上眼睛回想，慢慢锻炼自己的图像感。编码在脑海中的大小是需要保持在一个合适的尺寸的，这个尺寸因人而异，因具体的地点而异，但是即使有所差别，也相去不远。读者可以参考书中相关的插图，图中编码与地点的大小比例是较为合适的。倘若无法很好地想象，记忆者同样需要找到相关的图片或者实物进行观察。

10. 编码"小车"在和地点碰撞之后，是要继续开走、被弹开、还是继续留在地点上？

答：在编码做完动作之后，我们就可以进行下一个地点的记忆了，不要在某个地点上停留太久，将剧情继续延展。比如：小车在撞击地点之后，地点产生裂缝，到此记忆就结束了，小车此时还停留在地点上，至于它之后被弹开还是继续向前开，不需要我们去联想，那样会拖慢我们的记忆速度。

11. 在记忆的过程中，如果遇到两个一样的编码，如"9999"，应该如何处理？

答：遇到两个编码相同的情况，记忆者可以在地点上同时安放两个编码，或是两个编码轮番对地点做出动作，或是将其当作普通的编码而非特例，用正常的方式进行互动即可。

12. 编码的简化是刻意的还是自然而然的？

答：在记忆的过程中，倘若只使用编码的一个部位进行记忆，便可有意识地选用这个部位作为新的编码。至于编码颜色和清晰度的简化顺其自然即可，不需要刻意让自己的图像变得不清晰。

13. 要经过多久的练习记忆的速度才会得到显著的提升？

答：假设能够保证每天一小时甚至更多的训练时间，在没有走向误区的情况下，我们的记忆速度一个星期就会有显著的提高，基本上每天都会比前一天有所进步，直到遇到第一个瓶颈，记忆的速度才会实现阶段式的上升。有些记忆者可能今天记忆一副扑克牌需要3分钟的时间，明天就只需要2分钟了。有些记忆者每天的进步可能只有10秒，这都是正常的，这与记忆者的性格有关。较为保守的记忆者每一步都稳扎稳打，记忆的提升速度可能就不会太快。这也与记忆者领会到记忆的要领的快慢有关，较晚领悟到要领的记忆者即使前期进步幅度不大，在想通之后也会迅速赶上其他记忆者的脚步。至于瓶颈，对于中期的记忆者而言，每一个瓶颈短则2~3天即可突破，长则需要半个月甚至更久，这与记忆者的训练动机有关，倘若过于保守或是满足于现状，则迟迟无法进步。初学者如若决定开始训练，每天一定要保证足够的训练时间，且需要坚持每天进行训练，这样才能够获得显著的进步。倘若训练一天就休息好几天，是很难取得提高的。

14. 停练了一段时间会影响记忆水平吗？

答：短时间的停练是不会影响记忆水平的，甚至在长时间的集训之后（如一个月），放几天假不仅不会退步，还会促进水平的快速提高。但是长时间的停滞训练，必然会导致记忆水平以及竞技水平的下滑。

15. 倘若编码中同时有"公鸡"和"鹦鹉"两个编码，它们不算非常相似，但是在运用的过程中还是会混淆，此时应该怎么办？

答：我们可选用不同的编码部位，以此来区分编码。例如，使用公鸡的嘴巴进行啄的动作，而强调鹦鹉飞行的功能。

16. 记忆的过程中，有几秒钟大脑是一片空白的，这是怎么回事？

答：这是因为专注度不够集中。一方面是由于记忆者的大脑在信息加工的过程中出现分心的情况，另一方面是由于记忆者的大脑以一个较快的节奏高速运转，倘若记忆量较大，记忆者无法维持长时间的高速加工，便会出现跟不上脚步的情况。对此我们一方面要适当降低记忆速度，避免节奏被破坏；另一方面我们要锻炼大脑高速运转的能力，使其能够适应更长时间的信息加工。

17. 我们可以去哪里寻找训练用的材料呢？

答：对于40个一行，一页25行的随机数字表，我们用Excel数字表就可以快速生成。扑克牌更是直接在商场购买即可。至于其他项目的训练，我们可以在网上找到对应的训练资料，也可以登录G.A.M.A.的训练官网进行训练：http://global-memory.org/online/cn/。

第三节　扑克牌记忆

扑克牌记忆和数字记忆同为竞技记忆的基础项目之一，也是最为吸引人的记忆项目。将一副完整的扑克牌除去大小王后，余下的52张牌随机打乱，记忆者需要按顺序记忆这52张扑克牌的花色和点数，之后使用另外一副扑克牌复制出方才所记忆的牌序，最后依次核对每一张记忆牌的顺序是否与复原牌一致。相较于数字记忆而言，扑克牌记忆的表演性质更强，初学者易通过在他人面前表演而产生成就感，也更愿意练习。初学者可以从扑克牌和数字中选择一样作为起始训练项目，等到小有所成之后，再接触另外一项。笔者并不建议同步开始两个项目，因为在前期打基础的阶段，一个项目的提高往往就能带动另一个项目自然而然地提高，不需要重复打基础。

记忆材料

(一) 扑克牌

选择便利店常见的扑克牌尺寸即可,大小适中的扑克牌可以被一手握住,方便记忆。牌面过宽的扑克牌,难以被握持,不方便记忆。此外,扑克牌要有一定的握持手感,牌面光滑,方便记忆者推牌。倘若因为使用时间过长,扑克牌黏成一块,则须更换扑克牌。

(二) 计时器

记忆者前期只需要使用手机或是秒表进行计时即可,但是正式参赛的话则需要使用标准的魔方计时器,可以在网上自行购买。使用魔方计时器需要将双手都放置在其感应器上,计时器屏幕左边的两盏灯泡随即先后亮起,第一盏红灯亮起时我们双手仍然不能离开计时器,待到下方的绿灯亮起后,我们只要一只手离开感应器,计时器就会开始计时。倘若我们想要结束计时,则需要再次将双手都置于感应器上。

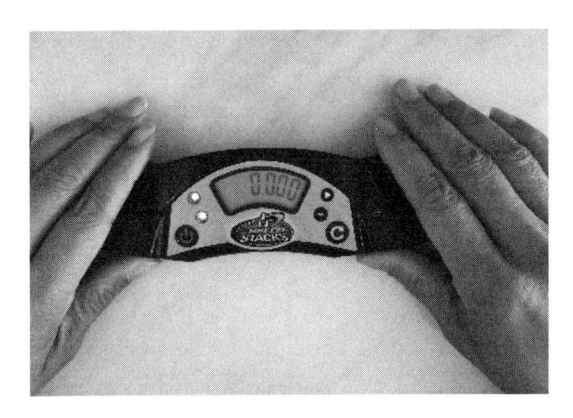

记忆流程

(一) 材料摆放

快速扑克牌的记忆需要准备好计时器和两副扑克牌,其中一副是记忆牌,一副是复原牌,按照图中方式摆放。为了避免混淆记忆牌和复原牌,最好使用不同的牌背款式。至于记忆牌和复原牌哪一副放在左边,哪一副放在右边,并无具体的规定,记忆者可凭自己的喜好进行摆放。

（二）准备工作

将记忆牌随机打乱，并将计时器的时间清零，接着回忆自己要使用的每一个地点。之后握持记忆牌，背面朝上，将双手放在计时器上。记忆开始后，双手离开计时器，旋转手腕使牌面向上。

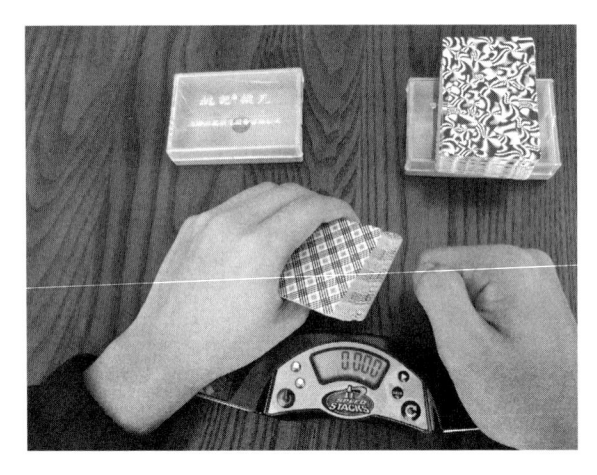

（三）记牌过程

（1）握牌

扑克牌的握持需要一定的技巧，使其在记忆的过程中不易滑落。我们通常选择左手握持未记忆和正在记忆的扑克牌，右手握持记忆完毕的扑克牌。其中大拇指和另外三根手指将牌夹在手上，小拇指弯曲，从下方将扑克牌托起，避免扑克牌从下方滑落。

（2）推牌

我们将未记忆的扑克牌握持在左手上，在左手最上方的那张牌记忆完毕之后，就使用左手的大拇指将其从左往右推，置于右手牌堆的最下方。

在视野的背面，左手食指要卡住牌堆，确保每次只有一张牌被移到右边。

与此同时，我们需要使用右手的三根手指迎接被记忆完成的扑克牌，将其移动至右手合适的位置上。

在记忆的过程中，左右手要不停地配合，将一张张记忆完毕的扑克牌从左手最上方送至右手最下方。当最后一张扑克牌被送至右手之后，右手的手腕旋转使牌背朝上，随即双手拍向计时器，停止计时。之后，将记忆牌放回到牌盒上。

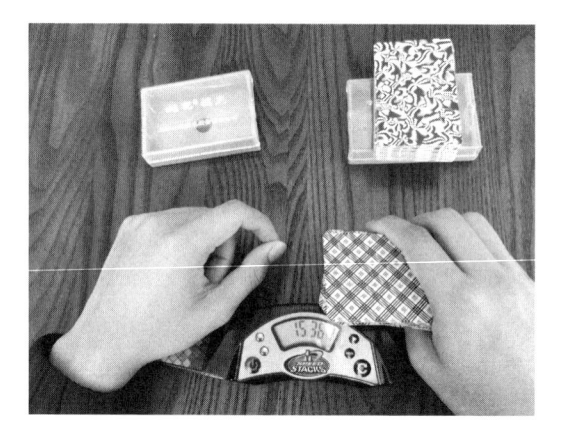

（3）视线

当我们记忆扑克牌的时候，目光要集中在扑克牌的左上角，不要跟随扑克牌的右移而移动。因为每一次的移动眼睛和重新聚焦，既影响速度也会打乱节奏。

（4）心态

记忆者在记忆扑克牌时，有时会处于急切的状态，以追求更快的速度。记忆时一直在想：下一张、下一张，而无法将注意力完全集中在记牌这件事本身上。倘若如此，这一次的记忆十有八九是会失败的。因为扑克牌是记忆项目中少有的定量比时间的项目，对记忆者每时每刻的状态要求更为严苛。记忆者在记忆扑克牌的时候，要投身于记忆本身，按照舒适的节奏进行记忆，不要勉强自己去跟上高速的记忆节奏，导致心情浮躁。

（四）回忆过程

在记忆结束之后，记忆者将记忆牌放回到原位，移开计时器，并进入回忆阶段，即在脑海中回忆每一个地点上所出现的编码。在第一遍回忆时，记忆者可能无法回忆起全部的编码，但此时不要在某一地点上纠结太长的时间，而要选择性地跳过一时间无法想起来的地点，对地点进行整体的浏览。在第二遍回忆的时候，再针对性地回忆先前未想起来的部分。

（五）复牌过程

在我们回忆完成之后，就要进行复牌。首先我们将按照花色和数字由小到大整理好的复原牌，平摊在桌子上。

随后依次从中将方才记忆的扑克牌按顺序选出，拿在手上。假设记忆牌的第一张是♣3、第二张是♣Q、第三张是♦9……我们就依次从复原牌中将这些牌选出来，按顺序叠成一堆，握在手中。

倘若我们在复牌的过程中，有一个地点上的编码被遗忘了，无法选出接下来的两张牌，我们可以将手上已经复原好的一叠牌先放在桌子上，跳过这两张牌，从下一个地点开始，继续复牌，形成第二叠牌堆。这样我们就知道第一叠牌后面是需要补充两张牌的。而在完成复牌之后，桌面上一定会剩下两张牌，倘若我们已复原入牌堆的每一张都正确，桌上的这两张牌就自然而然位于第一叠牌的后面。假设我们不理会这两张暂时没有选出的牌，继续将后面的牌依次放在第一叠牌的后面，那我们就无法快速做出判断最后剩下的两张牌应该放置于什么地方，需要重新去检索，消耗更多的复牌时间。

在复牌的过程中，我们常会遇到由于记忆模糊，无法判断这张扑克牌放在此处是否正确的情况。它有可能是正确的，也可能与另外一个动作或者形状相似的编码发生混淆。此时我们可以将该扑克牌的背面朝上，代表我们并不确定这张扑克牌是否是正确答案。等到初次复牌结束之后，再通过排除法，推理判断。

倘若我们记得某一地点上的第二个编码，但是不记得第一个编码，我们可以将代表第二个编码的扑克牌横置在牌堆下方，并将这一牌堆放在桌子上，先行跳过这一张牌，从下一个地点开始，继续复牌，形成第二叠牌堆。等到初次复牌结束之后，再从桌面上剩余的牌中推理出正确或是最为接近的牌。

在完成推理之后，我们将桌面上的几叠牌堆按照顺序合而为一，并从头到尾浏览，确定自己的扑克牌是否都放置正确。有些记忆者会习惯性地将同一地点上的两张牌放反，在检查的过程中需要特别注意。

(六) 对牌过程

当记忆者完成复原之后，就进入核对阶段。此时记忆者取出记忆牌，依次将记忆牌打出，同时依次将复原牌打出，核对两者是否一致，并将不一致的扑克牌选出。这个过程可以一个人完成，也可以在其他人的帮助下进行。倘若全部牌核对正确，表示这次记忆成功。

练习方法

(一) 编码

扑克牌的记忆方法与数字的记忆方法可以说是完全一致的。一张扑克牌和一个两位数的数字一样都可以被转化为一个编码图像，然后每两张牌与一个地点进行互动。一副扑克牌共有52张，也就说，记忆一副扑克牌需要26个地点。

那扑克牌应该如何转化为编码呢？笔者在此给出了自己的转化方法：

按照扑克牌的游戏规则，♠♥♣♦四种花色由大到小进行排序，♠是最大的，♥次之，♣再次之，♦最次。因此在编码时，♠代表"1"，♥代表"2"，♣代表"3"，♦代表"4"。

扑克牌上的花色，分为阿拉伯数字和字母两类。我们先看阿拉伯数字部分的扑克牌，在进行数字编码时，根据上述的规则，♠2可以编码为"12"，♥6可以编码为"26"，以此类推。我们可以将扑克牌转化为数字，就可以将数字编码用在扑克牌的记忆中，而不需要另外编写更多的编码。我们可以将数字"10"看作"0"，因此♣10可以看作"30"，♦10可以看作"40"。另外对于字母"A"，我们可以将其当作数字"1"。因此，我们可以将♥A看作"21"，♣A看作"31"。

对于JQK这三个字母，我们可以将其看作"789"。将"J"看作"7"，"Q"看作"8"，"K"看作"9"。有的读者会问为什么要将它们看作"789"？"789"和"JQK"似乎没有什么直接的联系。实际上，它们确实没有必然的联系，我们之所以将其与阿拉伯数字挂钩，是因为从♠A到♦10一共使用了"10"到"49"共计40个编码，假设剩余的12张字母牌也可以与数字编码相联系，就不需要额外地编写更多的编码。因此，我们理论上可以从剩下的60个编码中，任意选择12个与这12张牌相对应，之所以选择"789"是为了形式统一，方便熟悉罢了。

还有的读者会问♦7对应的编码是"47"，倘若♦J对应的编码也是"47"那岂不是会混淆吗？答案是肯定的。因此对于"A"之外的字母牌，我们都将花色与数字的顺序倒转过来，即将♦J与"74"相对应，将♠Q与"81"相对应，将♥K与"92"相对应，以此类推。于是，这12张字母牌就可以依次转化为数字，从而转化为数字对应的编码图像，扑克牌也就可以跟数字一样记忆了。

（二）读牌

在编好扑克牌编码之后，我们就要对扑克牌和编码的转化进行熟悉，也就是需要进行读牌训练。将一副扑克牌握持在左手中，每看到一张牌就在脑海中想象它对应的图像，想象完成后就将扑克牌推到右手边，接着继续下一张牌的出图，具体的操作与上述记牌的流程相似。

读牌的熟悉步骤我们可以参考数字篇章的读数练习，依次熟悉4类花色牌，重点突击字母牌，针对性地熟悉较难流畅转化的扑克牌，此处不再赘述。字母牌通常来说需要初学者更长的熟悉时间，所以读者在前期有的牌反应快，有的牌反应慢属于正常现象，不用过于慌张。

读牌的最终目的自然是在看到扑克牌之后，脑海中直接浮现它对应的图像。但我们最开始时，往往需要经历看到扑克牌，将其翻译成数字，将数字转化为编码词语，再将编码词语转化为图像的4个阶段。随着读牌的练习，我们将会自然而然跳过默念数字或是默念词语的步骤。

（三）联结

当我们完成一副牌的读牌训练用时在50秒以内时，就可以开启联结训练了。扑克牌联结训练与数字联结训练相似。将一副扑克牌握持在左手中，每看到一张牌就在脑海中想象它对应的图像，想象完成后就将扑克牌推到右手边，接着继续下一张牌的出图，与此同时想象这两张牌进行互动。之后将第二张牌推到右手，完成一次联结。以此类推，反复26次，即完成一副牌的联结。

此处有一个小技巧：当我们完成一组联结之后，可以将第一张扑克牌放至牌末，这样就会生成完全不同的序列，记忆者可以省去一次洗牌的时间，再次进行联结训练，且这副扑克牌的内容将与上一副完全相反，可以更全面地锻炼编码。

（四）带桩联结

当我们能在2分钟左右完成一副牌的联结之后，我们就可以尝试进行记忆扑克牌的训练了，即使用26个地点完成一副扑克牌的记忆。而在记忆之后，这些地点同样可以继续用来进行带桩联结的练习。利用少量的地点，多次模拟记忆的过程，从而快速提高记忆能力。但我们要注意的是，虽然带桩联结比起联结更加贴近记忆的过程，但是由于没有准确率的压力，记忆者有时仍会由于不重视而没有把握好带桩联结的质量，在地点上飘桩，这样的模拟效果是非常有限的。

（五）记忆

前面所有的铺垫，都是为了能够令记忆者完整及快速地记忆扑克牌。前期记忆者由于并不熟练记忆过程，用时往往较长，有的初学者为了尽早体验记忆甚至没有达到读牌、联结基础要求，就开始进行扑克牌记忆的练习，结果记忆时间长达10分钟，回忆过程也十分艰辛，这都是非常正常的事情。初学者不需要因此担心自己的天赋不足。在训练的前期，我们不必遵循上述完整的记忆步骤，在记忆完成之后，每回忆起一张牌，就打出记忆牌中对应的扑克牌进行核对，确认该牌是否记忆正确。

我们可以先从一次性记忆20张牌练起，在能够顺利且准确记忆20张扑克牌后，再尝试一次性记忆一整副扑克牌。随着进度的推进，记忆者的扑克牌记忆时长将会在短短的几个礼拜内从5分钟记忆一副牌到3分钟，到2.5分钟，再到2分钟，最后达到2分钟以内，且保持非常高的准确率。

在到达2分钟之内后，记忆者会逐渐在扑克牌记忆上遇到瓶颈，但瓶颈出现的时间因人而异，有的记忆者在1分30秒左右遇到瓶颈，有的记忆者在1分15秒左右才出现瓶颈，还有的记忆者可以畅通无阻地进入1分钟之内。而突破瓶颈的大多数方法、技巧笔者已经在上述的数字篇章中提及，读者在遇到瓶颈时，可回看上一章节寻找解决的办法。

进阶技巧

（一）练习规划

和数字记忆相似，记忆者前期以练习读牌和联结为主，在可以流畅进行扑克牌联结后，逐渐减少每日练习读牌和联结的次数，直至停止练习。取而代之的是带桩联结和记忆训练。此时记忆者的地点并不多，每日进行一到两次记忆训练即可，更多的时间应当花费在带桩联结上，即可以进行一整副扑克牌的完整联结，也可针对不熟练的扑克牌进行练习，还可以打磨特定的地点。记忆者要在练习的过程中，及时发现自己相对此时的整体水平较为欠缺的部分，并进行练习，在这个过程中，逐渐进步。

（二）节奏

扑克牌的记忆，是一个限量比拼时间的项目，即比谁记得快，且记得稳的项目，这样的项目在提速的同时尤为重视节奏，因为节奏是为准确率保驾护航的关键。而扑克牌的记忆节奏，经常就是双手配合推牌的律动频率，即以推牌带动自己进行记忆。但是我们要注意手脑的协调一致，倘若手速太快，大脑跟不上，记忆将无法持续下去，倘若手速太慢，则会耽误很多时间，因此记忆者需要在练习的过程中摸索二者的平衡。

有时记忆者在将扑克牌推到右边之后，发现没有记稳，重新将扑克牌拉回左边复看，这将完全破坏记忆节奏。倘若想要保证此次记忆的有效性，需要调整节奏重新出发，这会大幅降低记忆速度，但如若不这么做，直接跳过这两张扑克牌，按照扑克牌的记忆规则，没有完全正确的扑克牌记忆都将以失败论处，这一次记忆就直接以失败告终了。因此我们要控制自己的双手，把握好每次推牌的速度，使扑克牌在指间滑动的同时，稳稳地完成每一个地点的互动。

当扑克牌记忆时间进入1分30秒以内时，我们要让自己逐渐掌握在每推一次扑克牌的同时，完成该牌的记忆，即不需要在推完一张扑克牌后停顿一会儿，等待大脑记忆完毕，而是可以连贯地推牌，这个时候，推牌的速度就是记牌的速度，这是掌握节奏的关键。

（三）时间

随着记忆者水平的提高，记忆速度也会越来越快。从原先数分钟的记忆时长逐渐减少到1分钟之内。相对应地，速度提高的速率也会逐渐减缓，从最开始能够比上一次记忆快上数分钟，到只比上一次快上数10秒，最后每次只能进步几秒甚至1秒。这是因为最开始我们只要减少记忆中的无效用时，就可以提高记忆速度，之后则需要通过对记忆进行精简才能提速，能够继续被压缩的时间也越来越少，最后每提高一秒都需要优化很多的细节。

（四）位置感

在快速记忆的项目中，地点的空间感尤为重要。我们常需要依赖编码存在的方位来推断编码所处的地点，因此我们要尽可能使用空间感更强的地点来记忆扑克牌，以提高扑克牌记忆的准确率。

（五）联结处理

后期扑克牌记忆速度的提升，是建立在联结简化上的，但不是建立在联结淡化甚至消失上的。换言之，联结简化的过程，是省略关联性不强的加工，保留和加强能够高效建立编码地点联系的联结，充分发挥联结的作用。倘若将重心转移至淡化联结，看似提高了记忆速度，但是记忆准确率将完全无法保证。

（六）抢记

抢记可以说是扑克牌记忆时，见效最快的提速小技巧了。所谓抢记，就是剩下最后4张扑克牌没有记忆时，直接快速浏览这4张牌，默念它们的编码，同时停止计时。等记忆时间结束后，再将口中默念的牌一个个转化为图像放在地点上。这样我们就相当于节省了1~2秒，甚至更多。明面上使用了更短的时间来记忆扑克牌。这对于记忆扑克牌的能力并没有提升，但是在比赛中，却可以帮助选手压缩记忆时间，取得更好的成绩。一些抢记能力强的记忆者甚至可以抢记6~8张。

（七）双推

当记忆扑克牌的时间缩短到25秒以内时，我们可以开始练习使用双推的方法来记忆扑克牌。所谓双推，就是一次性推动两张扑克牌。在我们先前的教学中，都是默认记忆者在记忆时，每次推动一张扑克牌（即单推），因为我们出图的时候是一张张扑克牌出图的，这可以帮助我们更好地找到记忆节奏。但推动扑克牌也是会消耗时间的，每次推动一张扑克牌，我们需要推动52次，才可以推完整副扑克牌，倘若1次推动2张牌，我们仅需要推动26次扑克牌就可以将整副扑克牌推完，即使平均每一次单推的时间要比双推的时间短，但采用双推的整体用时还是相对较短。

笔者不建议选手在速度达到25秒/副之前，使用双推。因为双推的过程中，每次推牌需要处理的信息量几乎是原先的两倍，我们很难在保证手法连贯的前提下，舒适地跟上记忆节奏，即容易出现大脑跟不上推牌节奏或推牌停滞等待大脑跟上步伐的情况。因此，在水平达到一定程度之前，很难掌握双推，即使能够掌握，也无法发挥它的威力。反之，在单副牌记忆时间达到25秒左右时开始练习双推，不但能在短时间内快速掌握，而且可以帮助记忆者突破20秒的记忆大关。

除此之外，双推可以使手的推牌频率相对放慢，而手的快速推动会让大脑感觉急促，进而很难静下心来记忆，双推则可以解决这个问题。双推用更少的推牌次数降低了推牌的频率，用看似较慢的推牌速度，缓解内心的急躁，用更平稳的节奏进行记忆，从而保证了记忆的准确率。

双推的手法要领在于大拇指要使用适当的力量，按在两张扑克牌的中间缝隙处，利用摩擦力一次推动两张扑克牌。

在视野的背面，左手食指要卡住牌堆，确保每次只有两张牌被移到右边。与此同时，我们需要使用右手的三根手指迎接被记忆完成的扑克牌，将其移动至右手合适的位置上。

常见问题

1. 是不是每一个地点都需要形成一个完整的故事？

答：不是，记忆加工时，我们只需要确保注意力集中，尽可能在出图之外，加入其他处理方式即可。当然，我们需要锻炼在图像形成的同时快速联想故事的能力。

2. 每次复牌的时候都没什么信心，总感觉自己没办法成功复牌，这是怎么回事？

答：复牌的信心是建立在长期全对的基础上的。对自己的记忆没有信心，一方面需要反思自己记忆的过程是否做好；另一方面也需要克服心理障碍，在一次次地复牌中，提高自己的提取能力，总结复牌经验，建立信心。

3. 我习惯倒着推牌，这样可以吗？

答：倒着推牌即右手握住未记忆的牌堆，拨动牌背，将扑克牌往左推，从扑克牌的最下方一张开始记忆。这种推牌方式是可行的。

4. 我复牌的时候，喜欢将第一张记忆的牌放在最下面，依次往上叠，可以吗？

答：可以，我们只要在核对开始之前先确认好：复原牌的倒数第一张和记忆牌的正数第一张相对应，复原牌的倒数第二张和记忆牌的正数第二张相对应，以此类推即可。

5. 我突破了一次瓶颈，但是之后速度又掉下来了，这是怎么回事？

答：在记忆没有间断的前提下，记忆者成功突破一次瓶颈，比如：能在1分钟之内记住一副扑克牌后，或许短期内仍然有数次在1分零几秒才完成记忆的情况，这是相当正常的。但是这种情况并不会持续太久，在实现一次突破之后，随着练习和休息的配合，记忆者的整体水平很快就会上升到下一阶段。

6. 使用计时器有什么需要特别注意的事项吗？

答：在使用计时器时，倘若我们穿着长袖衣服，要有意识地将长袖挽起来。因为袖子碰到计时器，计时器是无法感应到的。这就有可能会导致，我们开始记忆而计时器没有启动或是我们拍停计时器，但计时器还在继续运转的情况。

有些记忆者还会被计时器上闪烁的红绿灯光所影响，无法专心记忆。通常我们的扑克牌是可以完全遮住灯光的，倘若仍然不习惯闪烁的灯光，我们可以使用胶带将灯光遮挡住。

7. 记牌速度是在大量准确率的基础上自然提升的还是得刻意去加速？

答：我们每次晋升都需要在这一阶段的准确率得到保障的情况下进行，在此前提下，前期随着对记牌流程的熟练度上升，速度自然而然就会提升。后期倘若习惯于一个记忆速度，将受到节奏的限制很难再继续提升。因此我们要打破节奏，刻意提速，牺牲一小段时间的准确率，逐渐适应新的速度，同时提高在新节奏下的准确率。每一年的赛事都集中在下半年举行，上半年的赛事较少，第一年比赛的选手往往从下半年的资格赛开始打起，因此整个上半年，记忆者只需要不断提高成绩即可。在扑克牌项目上，记忆者需要将记忆时间从2分钟一路缩短到40秒以内。在这个范围内的速度,不需要养成稳定的节奏,因为无论是60秒还是50秒,都只是一个过渡阶段,并不是我们最终踏上赛场要展现的成绩。但这不意味着在这期间准确率完全不重要,准确率是需要在这期间一步步养成的。

8. 为什么我刻意提速,记的过程也觉得自己记得很快,但是一看计时器,速度反而比之前慢了?

答:这是因为在刻意提速的同时,会由于急躁而无法全身心投入记忆。感觉记得快是焦虑和急躁带来的错觉,由于大脑无法高效地记忆,所以在记牌的过程中,常会出现卡顿的情况。读者要记住的是,流畅是加快记牌速度的关键,倘若无法一气呵成地完成记牌,记忆速度是很难快起来的。

9. 带桩联结的速度和记忆的速度完全不一样,这是怎么回事?

答:我们在带桩联结的时候,因为知道它不需要回忆而少了一份心理负担,在完成联结之后就跳到下一个地点上了,但是记忆的时候因为知道等会儿要回忆就不敢这么做。我们应当减少记忆的心理压力,在完成应该做的互动之后,就果断切换到下一个地点上,不要犹豫。同时重视带桩联结的过程,让带桩联结起到模仿记忆的效果。

10. 记忆扑克牌虽然可以全对,但是时常需要依赖推理,这正常吗?

答:快速扑克牌是一个需要保持长时间专注的项目,在某一瞬间注意力不够集中,记忆质量没有做好就会无法直接回忆出编码,但是只要将记忆质量保持在一定的水准上,记忆者在看到剩余的扑克牌后,可以快速推断并确定它们应当处于的位置,而不需要凭借运气猜测正确答案,笔者认为这样的推理就不存在太大问题,不需要太过在意。

第四节 打造记忆宫殿

地点的定义

地点又称记忆宫殿,是一种辅助储存信息的工具。我们可将其想象为一块U盘,只不过这块U盘是存在于我们大脑中的。当我们要记忆信息时，我们将U盘导入，将信息储存到U盘中，当我们需要提取这些信息时，就可以在U盘中检索。而这块U盘可以储存多少容量的信息，取决于记忆宫殿中的房间数量和每个房间的大小。换句话说，每个房间就是一个大场景，房间的大小即场景内小场景的数量，我们是通过将信息依次储存在大场景中的每一个小场景内，来达到记忆的效果的。

这些大场景可以是我们身边的环境，如教室、卧室、工作场所等。理论上，只要我们事先在这些大场景中，选取了足够多的小场景，如课桌、床、办公椅，并安排好它们的顺序，我们就可以记忆无限的信息。这些小场景，就是一个个地点，在同一大场景内所选取的所有地点构成的集合，就是一组地点。故一组地点内，包含了若干个地点。

在先前数字记忆的篇章中，我们已经展示过如何在数字记忆中运用记忆宫殿，在那个例子中，餐桌、沙发等就是一个个小地点，餐厅就是一组地点。我们需要注意的是，所谓的地点是存在于某一场景空间中的一小块空间，而非一件物品。即在餐厅的例子里，餐桌这个地点，包含了桌面及其上方的空间，而不仅是这张桌子。

换言之，假设我们想象在脑海中有一片白色的背景，其中有一台餐桌，它的外观与餐厅中的那台餐桌完全相同，那它是地点吗？答案是否定的。它只是一个物件，只有存在于某一空间中特定位置，它才能够被称为地点。

选择标准

在一处大场景中，关于什么样的小场景可以作为地点，能够在竞技记忆中，发挥更大作用，能够与编码更好地进行互动，使用起来更加舒服；什么样的地点使用起来相当困难，不适合运用在竞技记忆中，每个记忆者都有自己独特的心得。笔者在此也会提供自己的选择标准供读者参考。

（一）地点属性

通常来说，地点大致可以分为三类：平面地点，垂直地点，线性地点。顾名思义，平面地点就是有平坦或是一定倾斜的承载面，如桌子、地面、下水道等。垂直地点则是完全垂直于水平面的地点，如墙壁、大屏幕等。线性地点是指没有支撑面，而是以一条线作为支撑的地点，如晾衣绳、门把手、毛巾架等。

此外还有一类地点，看似属于平面地点，但是却没有任何承载面，无法将地点放置在它身上，这类地点就是：天花板。理论上我们可以将编码倒转，想象编码站在天花板上从而实现承载的效果，但是这样的想象使用起来较为繁复，因为我们平时并不常看到编码倒过来的样子，需要较长的时间进行想象，难以适应竞技记忆的节奏，故而笔者并不建议选择天花板作为地点。

有的场景则非常适合作为地点，如墙角。墙角是一个稳定的三角结构，具有很好的承载面，同时两边的墙壁将编码包裹在其中，给了记忆者很好的安全感，将编码放在其中非常的舒适，不易遗忘。

（二）地点尺寸

从理论上说，凡是有承载空间的，即使空间再小也可以作为地点，哪怕它只有一张纸巾的大小，我们只要将编码缩小到合适的尺寸，依旧可以将其放在地点中。但是在竞技记忆中，速度往往是需要考虑的重要因素，将编码缩小处理同样是需要消耗额外时间的，因此选择可以承载正常尺寸编码的地点，将有利于我们更快地进行记忆。而且将编码缩小还会让记忆者产生一定的不适感，不利于记忆的稳定性。当然在一组地点中，存在少量尺寸特别小或是特别大的地点（需要将编码放大处理）都是可以接受的。

（三）稳定程度

我们在选择地点时，要注意避免将那些易被移动的物品作为地点，如趴在地上休息的小猫（小狗）、靠在墙边的垃圾铲、桌子上的茶杯等。这些物品或动物并不固定待在一个地方，缺乏稳定性，使用的过程会给记忆者带来不安全感，相对而言，大件的家具更适合作为地点。

有的初学者会问：倘若我将我家的客厅作为地点，在使用了一段时间之后，家里进行了装修，家具布置格局放生了大的变动，此时我的这一组地点还可以使用吗？是否需要将其废弃，重新找一组地点？

这组地点当然还是可以使用的，不需要进行任何改动，我们所说的易被移动，并不是指物品是否能够被移动，也并不是只有完全无法被移动的物品才能作为地点，而是说那些具备易被移动性质的物品不适合作为地点，而家具每次移动都需要大费周章，明显不属于此列。

当地点被我们储存在脑海中之后,我们的大脑自然而然地会对其进行加工,使其朝着自己习惯使用的方向发生形变(如地点纹路简化等),因此地点被我们使用一段时间之后,它已经跟现实中的样子有了明显的不同,我们使用的也不再是现实中的那片空间,而是在脑海中的地点。因此,现实中的场景出现任何变动,都不会影响或者破坏我们脑海中的地点。

(四)相似程度

在同一组地点中,尽量要避免使用两个外观完全相同或是极度相似的物品作为地点,即使它们所处的空间不同,使用起来还是非常容易混淆。例如,在一间教室中,有40张课桌,我们不能将其作为40个地点,只能选取其中一个位置的一张课桌作为地点,剩下的课桌将不能被使用。

但是在选择了课桌之后,我们能否再选择都属于桌子行列的讲台作为地点呢?答案是肯定的。即使不考虑两张桌子的属性并不相同,一张是学生使用的,一张是教师使用的,光看它们的外貌就已经有很大的不相同了,同时作为地点并不容易出现混淆的情况。假设读者还是有所担心,可以将这两张桌子放在相距较远的位置,即选择离讲台较远的课桌作为地点。

而在不同的地点中,则不需要考虑这个问题。即我们在选择了小学教室的课桌作为地点后,依然可以选择家中卧室的课桌作为地点,即使它们外观完全相同,因为它们处于不同的空间中,所以并不会混淆。

我们要注意的是,倘若选择了小学的教室作为一组地点,我们就不能选择与其结构相似的初中教室作为另一组地点。当然即使小学和中学教室的结构相似,学校的整体布局也并不相同,我们可以选择学校的其他场景来作为地点。但这并不意味着,选取了一组教室作为地点之后,就不能再使用其他教室类型的地点了,假设幼儿园的教室布局与小学的教室布局不同,我们依然可以在幼儿园的教室中选取地点。

(五)熟悉程度

随着我们记忆水平的提升,我们需要的地点越来越多,身边熟悉的环境将不足以提供足够多的地点,故而我们需要去一些陌生的地方寻找地点。但是在此之前,我们还是要尽量先开发自己较为熟悉的环境,因为相较陌生的环境而言,熟悉的环境使用起来更加容易上手,不需要经过太多次的练习就可以运用自如。除此之外,熟悉的地点使用起来常带有陌生环境所不具有的情感，如使用故居老宅作为地点进行记忆时，会带有一种怀旧的情怀，这可以辅助我们记忆，提高记忆的准确率。

寻找方法

在了解了地点的选择标准之后，我们就要着手搭造自己的记忆宫殿了。在此之前，我们还需要知道地点的寻找方法，以在一个大的场景中，快速选出合适的地点。

（一）类型判断

我们通常将地点分为两类，一类是大空间中的地点，另一类是小空间中的地点。其中小空间是指一个密闭的房间，如客厅、教室、办公室等。这类空间的体积通常相对较小，我们进门后，只要沿着墙壁绕一圈很快就能回到起点。大地点是指体积较大的建筑物或是室外环境，如教学楼、商场、小型公园等。这类空间的体积相对较大，常包含多个出入口，我们进入其中后，可以选择多条不同的行走路线。

此外，对于大型的室外环境，如街道、森林公园等，笔者不建议直接将其作为地点，因为这类地点中有代表性的场景间隔参差不齐，有的小地点极其密集，有的却距离特别远，如一条长长的街上，除了垃圾桶和树就没有太具代表性的场景，过分空旷。这样的地点，使用起来特别难受，记忆效果也不佳。因此，我们可以将其拆分成多个较为具有特征的部分，每一部分单独作为一组地点。而那些零碎的小地点，我们则可以选择舍弃，或是并入某一部分的地点中。如我们可以将街边的垃圾桶与街口的商场放在一起，合并为一组地点。即以街边的垃圾桶为第一个地点，接着衔接到商场的大门，作为第二个地点。

（二）制订路线

地点路线是指当我们处于某一大场景中时，我们要先制订一条行走的路线，将沿途遇见的合适的小场景依次加入地点的行列中，即我们是按照这条路线上依次经过的小场景顺序，对地点进行排序的。对于大空间和小空间，我们有着不同的地点寻找路线：

小空间路线较为容易制订，我们往往以入口处作为第一个地点，接着按照顺时针或是逆时针的方向绕着房间行走一圈，之后回到入口处附近，以入口处附近的一个小场景作为路径的终点（不是以入口处为终点）。

大空间的路线则相对复杂，我们最好对建筑物的结构有一个整体的认知再进行路线的规划。首先我们需要确定路线的起点与终点，对于有多个出入口的建筑，我们选择尽可能经过更多有代表性小场景的区域，作为起点和终点，然后我们开始制订从起点出发，到达终点的路线。这条路线需要符合以下要求：

①这条路线要尽可能经过更多有代表性的小场景，才能更大效率地利用这一场景，开发更多的地点。

②沿途寻找地点时，左边和右边都有合适的场景可以作为地点时，我们只能选择一边。即我们只能选择右手边的一系列场景作为一个个地点，或选择左手边的一系列场景作为一个个地点，但我们不能在选择一个左手边的地点后，第二个地点选择一个右手边的，第三个地点又选择左手边的，反复跳转。当选择完右手边的一系列地点后，我们可以切换选项，接下来的一系列地点全部选择左手边的，只要不再切换第二次即可。

③路线要尽可能简单，不要过多地弯弯绕绕，只保留必要的拐弯，且路线不能交叉。通常情况下是不能走回头路的，但倘若道路较宽，而且两边都有丰富的小场景时，我们可以沿道路一侧前进，并寻找右侧（或左侧）的地点，之后从另外一侧绕回，选取前进方向右侧（或左侧）的地点。

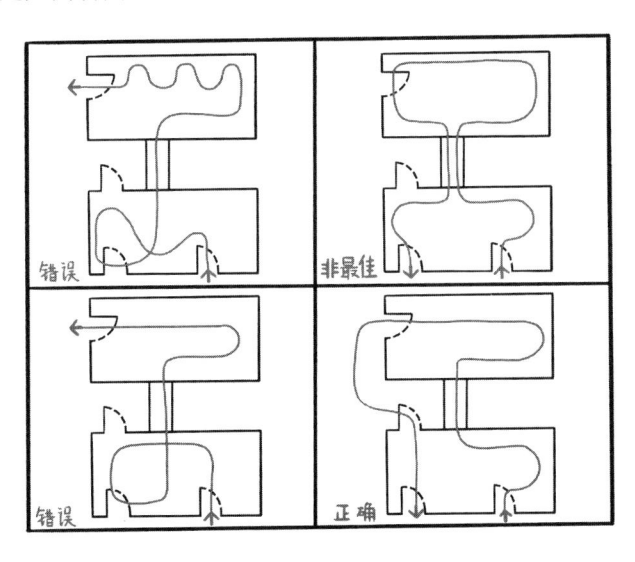

（三）上下波动

我们在选取地点，尤其是大空间地点时，要尽量避免在一条直线上选择超过三个地点，且这些被选取的地点要尽量避免出现在同一水平面上。由于同一水平面的空间相似度过高，记忆者在记忆时经常需要消耗较大注意力才能将其区分，稍不注意就会混淆。因此在选取地点时，同一直线上的地点，要在竖直方向上有所区分。如图所示，我们选择了台灯、柜子、沙发和茶几作为地点，每个地点都有一定的高度差距，即地点的路径在竖直方向上下波动。

（四）把握间隙

把握间隙是指地点与地点间要留有一定的间隔，不可以过密。倘若地点过密，记忆者在记忆的时候，会感觉很多编码都挤在一起，产生不适感，不利于提高记忆质量。至于多远的距离算是过密，每个记忆者有不同的记忆感觉，我们可以在实践中总结出自己能够接受的最小距离。

地点间隔不能过密，过疏也会影响记忆的整体效果，有些记忆者将无法感觉到地点的整体性。但是一组地点中存在少数间隔较大的地点对记忆的影响较小，我们可以通过想象自己能够瞬间移动，在使用完面前的地点之后，瞬间移动到远处的下一地点来降低地点间隔过大给记忆造成的影响。

（五）物件拆分

一个经过一段时间练习的记忆者在一处场景中能够找到30个地点，而初学者有时只能在同一场景中找出20个甚至更少的地点，这是因为在地点的选择上，初学者存在经验不足的问题，其中最为缺乏的经验就是将物件拆分的经验。物件的拆分是指将一个物件拆为多个小场景。如校园内的一棵大树，初学者通常会选择将整棵树作为一个地点，但有经验的记忆者常将一棵大树作为两个甚至更多的地点。

我们可以将高处的树顶作为一个地点，将地面盘旋的树根作为第二个地点。这样我们就可以在有限的空间中，尽可能挖掘更多的地点了。但是为了保证地点之间的间隔不过于紧密，一些原本所占空间较小的地点，如上图酒店房间中的茶几，即使可以进行拆分，我们也选择将其整体作为一个地点。

（六）拍照方法

寻找地点时不能仅靠肉眼观察，还需要用摄像设备拍下照片作为备份，一是因为我们的记忆能力是有限的，一下子寻找大量地点往往难以完全回忆；二是因为我们在现场所选择的地点未必最后会使用，还需要筛选；三是因为我们在现场观察时往往无法留意到太多细节，留下相片之后，便有了反复观察的机会。

首先我们需要拍摄的是一个个的小场景，即桌子、椅子之类的物件。此处我们需要尽可能使用在记忆过程中观察地点的角度去拍摄，如以桌面作为地点，我们可以以一定角度俯视拍摄。但由于各种原因，有时我们难以站在记忆的角度进行拍摄，则只需要尽量选择合适的角度拍摄即可。如吊在天花板上的风扇，在记忆时我们要想象自己在一个平视甚至俯视的角度去观察地点，但是在现实生活中我们很难这样取景。

除了拍摄单个地点，我们还需要对包含多个地点的局部大空间进行拍摄，如上图的酒店房间中就包含了4个地点，对于小空间的地点，我们则可以选择拍摄全景图。这是为了避免记忆者在间隔较久之后，看到单个地点图时无法回想起它处于空间中的哪一方位，只能将其作为一个物件而非地点看待。对于积累了一定经验的记忆者，可以选择不拍摄单一的小地点，只拍摄大范围的照片，通过脑补，想象自己位于单个地点上的场景，但是对于初学者，笔者还是建议完整地拍摄所有的小地点和大的范围图，结合对比。

（七）寻找流程

在讲述完上述寻找地点的方法和技巧之后，我们一起来总结一下寻找地点的整体流程。首先我们要选择一处大场景作为找地点的目标。在确定目标之后，倘若此处是我们所熟悉的地方，我们可以直接制订起点和终点，并根据脑海中制订的路线在场景中行走，对每一处可以作为地点的地方进行拍照，并对包含多个地点的局部大空间进行拍照。此时我们不需要在意一共需要找多少个地点，也不需要在意是否存在形状相似、不能共存的地点，我们只需要尽可能多地寻找地点和拍照。

倘若要在我们不熟悉的场景中寻找地点，最好先在此处观摩行走，大概了解此处场景的结构后，再开始找地点。倘若条件不允许我们预先浏览，我们则可以沿着一路行走的路线直接拍摄地点。

一开始训练的时候，我们一次只寻找一到两组地点，等到我们需要大量地点的阶段，往往会专门花费一整天的时间在找地点上。我们可以在完成寻找地点的工作回到住所之后，再开始整理今天所寻找的地点。

整理方法

在寻找完地点之后，我们要及时整理。此时我们对地点的印象较为深刻，倘若间隔时间太长，对于地点的印象过浅，整理起来要困难很多。

我们要知道，我们找的地点是为竞技记忆服务的，每一组地点都要符合竞技项目的要求，每一组地点专门用于某一特定的项目，即不要将听记数字使用的地点用来记忆快速数字。正因如此，每一组地点的数目都有一定的限制。随机数字表每一行有40个数字，即需要10个地点来完成记忆；记忆一副扑克牌则需要26个地点。所以我们在整理地点时，要注意将每一组地点的地点数量设定为10或26的倍数。这样每用完一组地点，我们都刚好可以完成一行数字或是一副扑克牌的记忆。

接下来我们将正式进入整理地点的阶段：打开我们的相册，将每一大场景的相片拉入同一个文件夹中，按照寻找的路线排序，并依照上述的地点选取规则，排除使用效果欠佳、相似程度过高和过于密集的地点。倘若只有大范围图片，则使用修图软件在图片中标识选定的地点。

如果最终选择的地点数量并非10或26的倍数，我们先行判断其更为接近10的倍数还是26的倍数，以及我们此时寻找地点是为了满足记忆扑克牌的需要，还是记忆其他项目的需要，从而决定地点的最终数量应该朝哪一方向靠拢。假设我们需要记忆数字的地点，但是第一遍整理完，只选出了34个地点，那么我们应该尝试从已有的地点图和大范围图片中，尽可能再选出6个地点，凑齐40个地点。如若实在无法凑齐，才选择砍去4个地点，保留30个地点。虽然理论上只要地点是10的倍数即可，但是笔者建议初学者在选择地点时，尽量把地点数量控制在20~40个，因为前期太大篇幅的地点使用起来，较难把握。

随着我们记忆水平的提高，一个记忆项目的记忆量往往不是一组地点可以容纳的，需要多组地点协同配合。假设我们要记忆360个数字，而一组地点只能记忆120个数字，则需要3组地点才可以完成记忆。因此我们在选择地点时，相邻组别的地点可以都选用10或26的倍数个地点。如家里的卧室、卫生间、厨房、阳台、大厅、家楼下的花园、家附近的餐厅、超市等，这些在现实生活中位置相邻的场景，我们在记忆时，常放在一起形成组合，即倘若使用卧室的地点无法记完目标记忆量，则继续使用卫生间的地点，以此类推。所以，倘若我在卧室中找到了30个地点，那在厨房里也尽可能选取20、30、40个地点，而非26个。

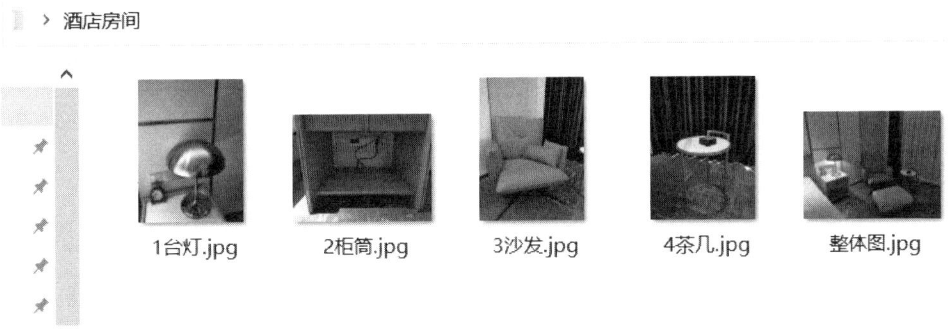

> 酒店房间

1台灯.jpg　　2柜筒.jpg　　3沙发.jpg　　4茶几.jpg　　整体图.jpg

熟悉方法

在整理好地点之后，我们就要开始熟悉地点。这些地点是存在于一定空间中的，因此我们要想象自己回到那一空间中，按照行走路线依次路过一个个地点并将其指出，确保自己可以没有缺漏地回忆起每一个地点。在数量为10的倍数个地点中，我们需要记住每组地点的第10个、第20个、第30个等整十个数的地点，这样我们才能避免在记忆的过程中，由于跳过了一个地点，却没有发现，直到整组地点使用完，才发现还有四个数字没记的状况。我们可以在一行数字记完之后及时调整，确保后续的数字记忆不受影响。此外，这样还可以避免在作答的过程中，由于疏忽跳过了一个地点，导致最后剩下四个格子没有填写，需要记忆者从头到尾检查整组地点，寻找遗漏的数字，浪费大量作答时间的情况。

接着我们要将地点用于实践。在熟悉地点的过程中，我们可以将任何地点用来记忆数字，等到熟悉之后，再将特定的地点用于特定的项目中。在进行数字记忆时，我们要摸索每一个地点的使用方式，从而达到熟练运用该组地点的目的。

常见问题

1. 要怎么在校园中找地点？感觉每个教室都是一样的，找不了很多。

答：每个班级的教室并不会有太大的区别，因此我们只能选择其中一间作为地点。但是除了普通的教室之外，我们还可以选择电脑室、音乐室、办公室、操场、饭堂等场景作为地点。（注：在校园内倘若不方便使用手机，可与老师协商，也可以仅凭借记忆力进行整理后，以文字的方式记录下来，等有机会使用手机时再进行补充。由于学校是自己特别熟悉的场景，即使不拍照，仅凭借想象力，理论上也能够使用。）

2. 地点可不可以不是现实中的，而是网上的一些图片？

答：理论上是可以的，实际上也有的记忆者会使用这种方式。但笔者认为网上的图片较难在自己的脑海中形成空间感，且观察视角有限，使用起来不够顺畅，因此在有条件的情况下，还是尽量使用现实空间中的地点。另外，有一些人使用游戏中的场景作为地点，在记忆者能够将自己带入其空间的前提下，也是可行的。

3. 以前在一个可以找很多地点的地方，只找了一些，浪费了一些本来可以用的地点，但是又对现有的排序很熟悉，不知道要不要改？

答：不需要改了，更改已经熟悉的地点非常困难，倒不如用同样的时间找新的地点性价比更高。这也是笔者不建议初学者前期寻找太多地点的原因。

4. 在房间中找地点桩时，是否需要从进门的位置开始寻找，还是确定房间的任一个位置作为第一个地点桩都可以？

答：从任何一个地方开始都是可行的，从进门的位置出发只是为了符合我们的逻辑习惯。

5. 在一个房间中，第一个地点桩与最后一个地点桩的距离是否应大于中间的各个地点桩之间的距离？

答：关于这一点，并没有特殊的要求，这两个地点之间的距离根据实际地形的状况进行选择即可，并没有一定远于其他地点的要求。

6. 常去的地方都找过地点了，但还是不够用，应该怎么办？

答：我们可以在网上寻找附近或是其他一日内可以往返的地方，是否有较具特色的场景，如游乐园、博物馆等，选择有空的时间，集中寻找大量地点。或在有机会去到其他陌生城市时，抓住停留的时间，寻找地点。除此之外，我们还可以在征得朋友同意之后，去他们家中寻找地点。不同于教室的千篇一律，通常不同的住宅，布局都存在很大的区别。

7. 找多少地点桩够用？

答：这取决于记忆者的水平和需要。初学者往往有100个地点就足以进行练习了。当我们练习得越来越多，开始逐渐练习比赛项目，特别是开始练习长时项目之后，要使用的地点也就渐渐多了起来。我们通过预估自己的记忆水平，或根据模拟测试，了解自己完成该项目需要多少地点，按照需求进行寻找。通常全项目的训练，需要1000个以上的地点，练习到较好的水平需要至少2000个地点。

8. 找地点的时候，被保安拦住，不允许拍照应该怎么办？

答：有些场合是不被允许拍照的，我们要尊重规则，在征得他人同意之后才能进行拍照，友好地进行协商，避免惹来麻烦。

9. 地点找多了，如何有效管理？

答：正如笔者前面所说，我们需要将地点以文件的形式保存在电脑中，最好有备份，或是上传到云盘中，以免流失。此外我们可以将同一个项目，或是位置相邻的地点，放在同一个文件夹中，将其归类。

10. 如何提高回忆地点的速度？

答：对于小空间的地点，我们可以想象自己站在房间的正中央，按照地点的寻找的方向旋转，快速浏览地点。对于大空间的地点，我们则想象自己按照寻找的路线在地点中行走，通过调整自己的行走速度来改变回忆地点的速度。

11. 回忆地点的时候，回忆的视角一般容纳几个地点？

答：我们在仔细回忆地点时，视角内仅有一个地点。若是快速浏览，则无所谓有几个地点。

12. 在不同组的地点间进行切换时，怎样保证不卡顿？

答：对于在空间位置上相邻的地点，我们常可以轻易地过渡。倘若相邻的地点仍然不足以存储庞大的记忆量，我们则在逻辑上建立不同组地点间的联系。如在小学的地点使用完之后，我们就继续使用初中、高中、大学的地点。这些地点同属于学校，我们切换起来就有迹可循。或是在使用完机场的地点后，继续使用家中的地点，我们就可以建立"我一下飞机就回家"的逻辑，完成地点间的衔接，使地点切换更加合理。

13. 平时训练的时候用的地点桩可以反复用吗？

答：当然可以重复使用，在我们确定上一次放在某一地点上的编码已经较为模糊之后，我们就可以再次使用这一地点。但我们要避免使劲回想上次这组地点上有什么编码，这会影响我们当下地点的使用。

14. 我有些抗拒新地点，感觉使用新地点找不到正常训练的感觉，应该怎么办？

答：我们已经使用之前的地点训练了很长的时间，在使用的过程中自然会得心应手，而使用新的地点时无法跟上这样流畅的记忆节奏，这种陌生感会使我们本能地排斥使用新地点，但是越是不去使用，就越难以熟悉它们。因此我们需要强迫自己去使用新地点进行练习。在这个过程中，我们不宜使用自己所熟悉的记忆节奏使用新的地点，而是要以一个相对慢一些的速度进行记忆，以确保地点的切换跟得上记忆节奏。只要经过一段时间的磨合，新地点的使用也能变得得心应手。

15. 记忆宫殿储存的信息，是不是只能从第一个地点的内容开始回忆，而不能直接回忆任意一个地点上的内容？

答：答案是否定的。选手在比赛结束之后，常会互相对答案，对于中间哪一个地点上的内容不确定时，都会直接询问哪四个数字的后面是什么？哪四个数字的前面是什么？或是只记得地点上一半的内容，询问其他人另一半内容是什么？我们并不需要从第一个地点开始数，而是能够在短暂的思考后直接锁定对方所提问的位置。当然，快速提取的能力同样是需要在训练中不断培养的，初学者常会出现检索困难的情况，即使记得很熟练的内容也需要思考一阵子才能想起来，这同样都是可以通过训练提高的。

16. 倘若我没有找到正好26个的地点，可不可以将两组地点拼接起来记扑克牌？

答：理论上讲，这是可行的。但是这涉及地点间的衔接问题，毫无疑问会影响记忆速度，所以笔者建议尽量不要在一副扑克牌的记忆中，使用拼接的地点。

第三章
竞技记忆项目

经过了前面的学习，我们已经算正式入门，成为一名竞技记忆的爱好者。接下来，笔者将会带领大家正式了解和学习G.A.M.A.赛事记忆比赛的十个项目。倘若你想参加其他赛事，也可阅读、学习书中所提及的，与你想参加的赛事项目相同的篇章。

我们已经知晓G.A.M.A.的比赛共有：快速数字、快速扑克牌、随机数字、随机扑克牌、二进制数字、听记数字、随机时间与日期（虚拟历史事件）、随机图形（具象图像）、随机词汇、人名头像十个项目。每一个项目都有不同的比赛规则和记忆方法，在接下来的篇章中，笔者将会给读者依次介绍这十个项目的比赛规则、记忆方法、练习方法和注意事项，帮助读者快速学习和掌握这十个记忆项目。

大家需要注意的是，每个项目的记忆方法并不是唯一的，有些记忆选手在训练的过程中，研究出了独特的项目解法乃至于独特的记忆系统，因此竞技项目的记忆体系相当庞大。由于笔者水平有限，对于其他的方法研究不足，所以在接下来的篇章中，笔者将着重介绍自己的记忆方法，对于其他的系统和方法会在适当的时候稍作提及，但无法详尽地描述，以避免出现错误，误导读者。对其他系统和方法感兴趣的读者可以在阅读之后，通过其他渠道自行了解。

第一节　比赛规则

在开始学习竞技记忆的比赛项目之前,我们先来了解记忆比赛各个项目的规则,这将有助于我们后续学习各个项目的方法。由于三大记忆赛事皆源于WMSC,因此各大赛事的比赛规则都相去不远,所以无论读者未来想要参加哪一组织的赛事,都需要认真阅读这一章节。

赛前准备

①所有的记忆卷都将使用白色纸打印,随机图形和人名头像的答卷也使用白色纸打印,除此之外,其他项目的答卷都使用蓝色纸打印。

②选手可提前一个月申请人名头像、随机词语、虚拟历史事件这三个项目的试卷所使用的语言。(倘若不额外申请,则默认使用简体中文。)

③所有的选手都必须在比赛开始前一天将所有要使用的扑克牌上交,这样组委会才有足够的时间检查和打乱这些扑克牌。

④每一副扑克牌都必须清晰地注明所属选手的名字、ID、扑克牌的序号(即此牌是你所上交的第几副牌)。其中,快速扑克牌项目所使用的扑克牌还需要注明记忆牌和复原牌。选手必须确保自己上交的牌有52张花色数字各不相同的扑克牌,大小王和空白的扑克牌已经被移除。

记忆阶段

①记忆者需要在该项目开始前5分钟,在位置上就座。

②每个选手都要在比赛前熟悉好规则,不需要裁判长在每个项目开始前进行解释,从而拖延记忆开始的时间。

③选手可以携带自己的计时器,帮助自己在比赛中确认时间。但不允许使用如

摄像机、手机、谷歌眼镜等设备。

④比赛的过程是无法保证绝对安静的，选手可以自己准备抗干扰的装备，如耳塞、帽子等。

⑤记忆者可以在记忆阶段的任何时间离开自己的位置去洗手间，但是必须在来回时保持安静。

⑥每个选手在记忆的过程中要尽可能地保持安静。

⑦在数字类项目（包括二进制数字项目）中，选手可以使用划线的透明模板，从而避免使用记忆时间来划线。但是在记忆时间结束，作答时间开始之前，必须由裁判将其收走。

⑧裁判或志愿者会将记忆卷倒扣发放在每位选手的桌面上，选手此时不能触碰试卷。

⑨裁判或志愿者将答卷发放到每位选手身边的地板上，选手此时不能触碰答卷。

⑩裁判长确认每位选手均拿到记忆卷和作答卷后，将宣布："One minute mental preparation time.（1分钟准备时间）"。

⑪此时大屏幕上会出现倒计时，该时间比记忆时间多1分钟。记忆者此时仍然不能触碰记忆卷，须坐在位置上调整状态。

⑫准备时间剩下10秒时，裁判长将宣布："Ten seconds（10秒）"，此时记忆者可以触碰记忆卷，将试卷移动至自己习惯的位置，使用透明模板的选手此时可将模板镶嵌入记忆卷中，但记忆卷只能背面朝上，不可翻开。

⑬准备时间剩下3秒时，裁判开始播报倒计时口令："Three, two, one, go.（3、2、1，开始。）"选手可用手握住记忆卷一角，听到"Go"的口令后，翻开记忆卷，使其正面朝上，开始记忆。

⑭大屏幕上的倒计时剩下1分钟时，裁判会播报提示口令："One minute"；大屏幕上的倒计时剩下10秒时，裁判会播报提示口令："Ten seconds"。（不同项目的提示时间并不相同：1小时的记忆项目通常在剩下30分钟、15分钟、5分钟、1分钟的时候会有提示口令；30分钟的记忆项目在剩下15分钟、5分钟、1分钟的时候会有提示口令；15分钟的记忆项目在剩下5分钟、1分钟的时候会有提示口令；5分钟的记忆项目在剩下1分钟的时候会有提示口令；听记数字项目

则没有提示口令。）

⑮记忆时间结束时，裁判会播报记忆时间结束的口令："Stop memorising. Turn your papers over.（停止记忆，将记忆卷背面朝上。）"选手须依照指令，停止记忆。

作答阶段

①在记忆时间结束后、作答时间开始前，有一定的时间间隔。裁判和志愿者须将每个选手桌面上的记忆卷收回。

②当裁判长确认所有选手的记忆卷被收回后，会宣布指令让选手将放在地面上的答卷拾起，再次确定选手们都获得答卷后，宣布作答口令，作答时间开始。

③作答的过程中，裁判长在对应的时间也会播报剩余时间，不同项目的提示时间并不相同：2小时的作答项目通常在剩下1小时30分钟、15分钟、5分钟、1分钟的时候会有提示口令；1小时的作答项目在剩下30分钟、15分钟、5分钟、1分钟的时候会有提示口令；30分钟的作答项目在剩下15分钟、5分钟、1分钟的时候会有提示口令；15分钟的作答项目在剩下5分钟、1分钟的时候会有提示口令；5分钟的作答项目在剩下1分钟的时候会有提示口令。（需要注意的是，随着记忆者水平的逐渐提高，规则手册上的作答时间已经不足以满足选手的作答需求，因此当今比赛的作答时间会根据实际情况进行延长，书中的作答时间沿用了规则手册上的记忆时间，仅可作为参考，具体情况需要以读者所参加的比赛为准。）

④在作答开始之后的5分钟内，以及作答结束前的5分钟，选手将不允许交卷离场，须留在位置上。但是在其他的任意时间段，选手都可以离场。

⑤倘若选手在作答的时候，离开了他们的座位（即使是去上厕所），将不允许返回到位置上继续作答。若未作答完成，有上厕所的需求，要在裁判的陪同下前往，如此，返回后则可以继续作答。

⑥选手必须确保自己的试卷最上方填写了自己的姓名和ID。

⑦选手要确保自己的字迹清晰，避免由于书写问题被裁判误判。

⑧当选手将答卷上交后，答案将不可被更改。

⑨当裁判对选手答卷上的答案存在疑问时，将会找到选手，并采取以下措施：

表 3-1　比赛措拖

项目	措施
数字类项目	裁判将询问第几行的第几个数字是什么？选手需要根据自己的回忆作答。如果是听记数字，裁判将直接询问第几个数字是什么？
随机词汇	裁判将询问第几个词是什么？选手需要当场书写。
人名头像	展示人脸的图片并要求选手写出他／她的名字。
随机扑克牌	选手要说出第几副扑克牌的第几张是什么？

在成绩公示之后，倘若选手对自己的成绩存在怀疑，可以填写复查单，交给复查裁判进行复查。裁判会根据复查单对答卷进行三次检查，并告知选手复查结果。倘若成绩有误，则会进行更改。

选手在复查的过程中，不可以接触答卷，所有的试卷在比赛结束之后将会被销毁，而非交给选手。

其他规则

①在赛场的最前方，要有一个全场都能看见的大荧幕，显示记忆或作答的剩余时间。

②对于有信心打破国家纪录或是世界纪录的选手，以及那些在平时训练中某一项目成绩达到世界纪录60%以上的选手，必须坐在"热点区"，即赛场最前面几排的位置。在每个项目开始之前，裁判长都会询问选手，要求认为自己具备这一能力的选手举手，并为他们安排"热点区"的位置。

（注：比赛规则从第26届世界记忆锦标赛官网公开渠道下载）

第二节 人名头像

人名头像项目要求记忆者在规定时间内,尽可能记住更多人脸所对应的名字,并在答卷上对应的人脸下方写下其相应的名字。由于人名头像没有出题范围,因此记忆者只能随机应变,无法提前制作编码。

比赛规则

表 3-2 比赛时间

时间	短时赛	中时赛	长时赛
记忆时间	5 分钟	15 分钟	15 分钟
作答时间	15 分钟	30 分钟	30 分钟

记忆卷样卷:

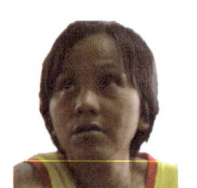

祖比 坡	 米里亚娜 齐亚	 佩仪 路伊
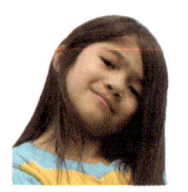 瓦内斯 德维托	 弗洛拉 卡纳安	 帕特里克 微恩
 拉姆 巴布特	 策林 奥唐纳	 吉列尔莫 贝尔纳

记忆规则：

①记忆卷上的每一张人脸图片都是彩色的，并且除了人脸之外还会展示其肩膀的部位（背景为白色）。每张图片的下方都会印有其姓氏和名字。

②记忆卷的人名数量为世界纪录的120%。

③每个人脸的名字是随机分配的，避免选手通过图片的面部信息（肤色、种族）得到额外提示。

④图片中的人脸选自不同的种族、年龄和性别。其中男女比例为1∶1，大人和儿童的比例为8∶2。在大人（及青少年）的人脸中，有三分之一的图片选自15~30岁的人群，三分之一选自31~60岁的人群，三分之一选自61岁及以上的人群。

⑤姓名的文字和人脸都选自于不同的种族或地区，并平均分布。

⑥一个人脸的姓和名的组合是随机的，即有可能一张日本人的脸与一个英国人的姓氏和一个蒙古人的名字对应。

⑦人脸的名字会按照性别进行分配，如"珍妮"只会被分配给女性的人脸，而不会分配给男性的人脸。

⑧每一套记忆卷中，同一个姓氏或名字只会出现一次。

⑨有连字符号的姓氏或名字将不会被使用，如苏—艾伦。因为这并不符合一些语言的使用习惯，如中文。

⑩在国家或地区的赛事中，记忆卷不可以只存在此国家人种的名字，需要遵循上述名字选取规则，否则此次记忆成绩无效。

⑪人名头像的试卷共有三种印刷版本：

a.使用A4纸印刷，每页有3行，每行有3张图片，一页纸共计9张图片。

b.使用A3纸印刷，每页有3行，每行有5张图片，一页纸共计15张图片。

c.使用A3纸印刷，每页有4行，每行有6张图片，一页纸共计24张图片。

答卷模板：

作答规则：

①答卷中出现的图片与记忆卷完全相同，但是名字会被移除，且图片的顺序会被打乱（并不是和随机图形项目一样，仅限在行中打乱，每个图片可能出现在答卷任意一页的任意一个位置上）。

②选手必须清晰地在答卷的图片下方正确书写这个人物的姓氏或名字。

③选择简体中文记忆卷的选手，只能使用简体中文进行作答（其他语言同理）。

计分规则：

①正确作答1个姓氏得到1分的原始分。

②正确作答1个名字得到1分的原始分。

③选手可选择只作答姓氏或是名字，也可以选择作答完整的姓名。

④同一个姓氏或是名字倘若在答卷中出现超过两次，每多出现一次将会被扣除0.5分的原始分（WMSC新规则为扣除整张卷原始分的一半）。

⑤每个作答错误的姓氏或名字将得到0分的原始分，将姓氏作答到名字的位置，视为作答错误，反之同理（不需要倒扣分）。

⑥没有作答的空格将得到0分的原始分（不需要倒扣分）。

⑦卷面的原始分在合计之后需要四舍五入取整（即仅出现一次书写三个相同姓氏或名字，根据G.A.M.A.规则将不会被扣除原始分）。

⑧若记忆卷中的姓名里包含了升降调符号，作答的时候并不需要书写（中文卷不存在这一状况）。

记忆策略

我们将分两个部分介绍人名头像的记忆方法，在第一个部分中将会介绍人名头像记忆的方法技巧，第二个部分则是介绍比赛中所需要运用的方法策略。

（一）记忆方法

人名头像的记忆方法和数字记忆不同，它并没有被大家公认的、最为好用的记忆方法，不同的记忆者所使用的记忆方法都不完全相同，笔者与自己的弟弟使用的就是完全不同的记忆方法。

在这篇文章中，笔者将主要介绍自己所使用的记忆方法。在人名头像这个项目中，我们需要记住人脸所对应的姓名，之后在混杂的人脸中识别出我们所记忆的人脸图片，并写出他（她）的姓名。姓名是我们要精确记忆的信息，我们要对每个字如何书写了如指掌，而人脸的部分，我们并不需要做到精准记忆，只要能将其从答卷中识别出来即可。清楚了这一点，将会有助于我们记忆过程中的注意力分配。

祖比　坡

拿上图举例，我们先选择该图中最吸引眼球的特征作为该图的代表，只要我们在答卷中看到这一特征即可锁定这张图片。毫无疑问，这张图中最吸引眼球的就是这个人红黄相间的衣服。有的读者可能会问：这个项目不是叫作人名头像吗？为什么不从人脸上找特征，而是选择衣服？

笔者想说的是，既然可以通过整幅图片在答卷中检索，那我们就应该尽可能地降低检索难度。和人脸相比，该图中色彩鲜艳的服饰更能吸引人的注意力，那我们就不需要避易就难，选择其面部特征进行记忆。倘若图片中最为吸引眼球的部分是面部特征，我们自然而然会选择这一特征。

在确定图片的特征之后，我们就需要记忆这一人物的姓名了，这也是我们需要精确记忆的部分。在这一例子中，笔者选择的记忆方式是将名字通过谐音等方式进行出图。如"祖比"我们可以联想到"猪鼻"，"坡"则是一个斜坡，这样我们就将这个姓名转化为了两个具体词汇，之后我们只要想象"猪用鼻子闻斜坡"的画面，就可以记住这个姓名了。至于如何确定我们记忆的是"祖比"而不是"猪鼻"或是"组比"呢？这就需要用到随机词汇中强记技巧了。

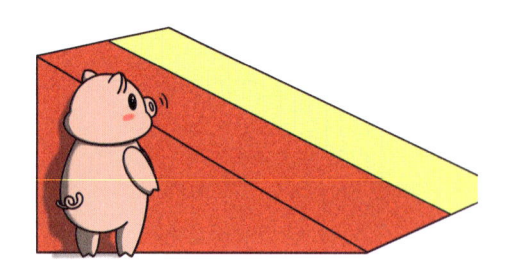

这时读者肯定要问，这样只是记住了人物的姓名，那如何将姓名和图片联系在一起呢？通常来说，我们有两种方式会二者进行互动，第一种就是将图片中的特征作为一个地点，将姓名形成的图像放置这一地点上，第二种则是将特征作为一个普通的图像和姓名形成的图像进行互动，此处我们选择的就是第一种方法。我们将斜坡和红黄色的搭配相结合，即想象一个由背心肩带形成的双色斜坡，一只猪站在斜坡边上闻着斜坡的味道，这样我们就完成了这一个头像的姓名记忆。

通过上述的例子，我们可以知道人名头像的记忆方法分为找图片特征、处理文字信息、将两者相结合三个步骤。接下来，我们将依次学习这三个步骤的详细技巧。

（1）选择图片特征的规则

A.先行判断图片中的人物是否与自己所认识的人相似，倘若能一下子想到与之相似的熟人，无论他是自己身边的人还是某一位名人，我们都可以将其与图片中的人物进行替换，即用自己所认识的这个人作为编码，让他与姓名所形成的图像进行互动，而不需要从局部提取特征。如下图的女士就会令笔者想到某一电影中大反派的形象。

B.倘若不像我们所认识的人，则需要选择我们第一眼所观察到的他（她）身上的特征作为记忆的要素。这个特征可以是头纱、帽子、耳环、项链、衣服等身外之物，也可以是罕见的瞳色、额头的红点、少见的嘴型或牙齿、形状独特的耳朵、与众不同的脖子、色彩鲜艳的头发等人物本身的特征。倘若他身上有不止一个可以被选取的特征，我们不要去犹豫，只要选择其中一个就好了。如下图中，我们可以选取左图人物的帽子作为特征，选取右图的手或耳坠作为特征。

C.假设所选取的特征在后续的图片中再次出现，我们不需要去更改已经记忆过的信息，而是在当前的图片中选取新的特征，并记住有一个特征出现过不止一次，作答的时候看到这个重复的特征就特别注意。

D.在我们选取衣服作为特征的时候，通常会遇到不止一个身着黑色或蓝色西装的男子。因此我们在记忆身着西装的男士时，应该避免选用西装作为特征，而是在他的面部或领带等部位选择特征。

如下图的两副图中，都有一个戴眼镜的西装男子。单独将他们抽出来对比时，我们可以清晰地分辨出他们的头发、衣服颜色并不相同，但是当他们分散在记忆卷不同地方时，则没有必要花费时间去将他们找出来对比。而是可以直接选取两个人物的领带作为其代表性的特征，如左图，笔者会提取一个黑色的三角形；右图的蓝色曲线，则可以想象为海浪，以此将他们区分开。

E.当我们无法从图片中直接获取特征时，我们可以从人物给人的整体感觉中提取特征。若图中的人物表情非常愤怒，我们可以提取一个愤怒的人作为图像，或是赋予姓名形成的图愤怒的情绪。若图中的人物给人一种谦谦君子的感觉，我们则可以用脑海中已有的另一个君子的形象来替代他。

如下图男子的气质，就与网络热梗中的广州富人形象相似，因此我们可以想象图中的男子以富人的身份参与到后续的编码互动中。

F.假设我们无法很快地从图片中提取有效的特征，无论此人姓名的记忆难度如何，我们都应该选择跳过这个头像。按照规则，不作答的图片是不会倒扣分的。既然困难的题目和简单的题目都得到相同的分数，那我们在有限的时间内，就应该尽可能记忆更多的简单题目以获取更高的分数。

（2）姓名加工的技巧

我们应该在日常生活中尽可能多地积累外国人的姓名，这有助于我们提高整体的记忆速度。如笔者会根据记忆卷中的姓氏或名字，联想到NBA中同名的球星。这样我们就不需要通过谐音等方式处理，也不需要对完整的名字进行拆分，而是可以直接整体转化姓名。

倘若记忆卷中的姓氏或名字，由我们熟悉的名字和一两个陌生的字共同构成，则可以分别形成这两个部分的图像并令它们互动。如"贝尔纳"这个名字，假设我们只认识贝尔，不认识贝尔纳（贝尔纳也是一个名人），则可以想象什么都敢吃的冒险家贝尔将金属钠含在口中，发生强烈的化学反应。

假设姓氏或名字是先前完全不认识的，我们可以将其拆分、延展、重组，并通过谐音等方式形成图像。如："齐亚"可以转化为"整齐的牙齿"（这样只要想象人脸有整齐的牙齿就可以记住了），"瓦内斯"可以重组为"内瓦斯"，再延展为"内部有瓦斯"，"莫阿玛"可以转化为"摸皇阿玛"，以此类推。

我们在训练的过程中，要有意识地整理每个字或每个词的转化方式，总结出常见字词的转化图像，并记录在训练手册上。这样只要见到相对应的汉字，我们就能快速将其转化为图像。如我们可以将"切"编码为一把小刀的图像，"丽"则是一朵小花的图像。当我们见到"切丽"这个名字时，就可以想象一把小刀在切小花的画面。换言之，我们可以提前对常见的字词进行编码和区分。例如："娜"和"纳"是两个人名中常见的汉字，而它们的发音又相同，提前将它们编码为不同的图像可以减少在作答时将它们混淆的概率。

当我们进行名字拆分时，每一个名字不宜被拆分为太多部分，生成过多的图像。我们需要将其控制在2~3个部分。倘若一个名字被拆分为太多个不同的编码图像，所需要记忆的编码量就过于庞大。因此在记忆的过程中，我们可以选择性地跳过字数过长的名字。

（3）整合记忆

在完成了上述的两项工作之后，我们需要将这两者结合，形成一个整体。在前文中，我们已经初步提到了整合的两种方式，接下来我们将进行更为详细的教学。

在将图片中的特征直接作为地点时，我们可以使编码间的互动直接在眼前的图片上进行。即不需要利用这一编码的元素在脑海中建构一个地点,而是直接想象纸面上发生了各式各样的事情,从而节省一部分记忆时间,并且增加了对图片的观察时间,加强了对图片的印象。正如上述"祖比"的例子,我们可以直接想象一头猪站在她的肩上,去闻她的衣服。

当我们将特征作为一个普通的图像和姓名形成的图像进行互动时,又存在两种不同的情况,第一种是在图片中提取一个完整的人,第二种则是在图片中提取一件物品。

第一种情况:我们需要想象这个人物在脑海中执行他的姓名所转化为的编码指使他去做的事情。

如在记忆下图人物的姓氏时,我们可以将"微恩"转化为"微笑并点头答应,发出'嗯'的声音",随后让图中的人物去执行这一动作。恰巧,图中的男子本身已经流露出了灿烂的笑容,我们只需要想象他点头并发出声音即可。

帕特里克　微恩

再如下图的这个人物,长得非常像笔者从前的老师,因此笔者将会想象笔者的老师去执行下列的动作。"佩仪",我们可以想到"佩戴仪器",而"路伊",则可以想到"在路上见到伊面"(伊面是一种油炸的鸡蛋面)。因此将上述的信息组合起来就是:笔者的老师佩戴了特殊的仪器,从而可以发现马路上的伊面。

佩仪　路伊

第二种情况：当我们在图片中提取一件物品时，我们可以根据记忆的需要去选择它应该处于的位置或应该执行的动作。

如在记忆下图人物的名字时，由于"拉姆"是一个著名的大盗，而图中我们选取的特征是"举起的双手"，因此我们可以联想到大盗遇到了警察，举起双手表示投降。

拉姆　巴布特

再如，在记忆下图人物的姓氏时，如果我们提取了图中人物额头上的红点作为该图的特征，则可以想象贝尔口中的钠在发生化学反应的过程中快速变红。

吉列尔莫　贝尔纳

至此，笔者记忆人名头像的方法就大致讲述完毕了。由于人名头像的出题范围相当灵活，笔者很难详尽地叙述每一个可能会出现的例子，读者在了解方法之后，应当通过自己的实践训练去真正掌握这一方法。

（二）比赛策略

在学习了记忆方法之后，接下来我们要学习一些非常实用的比赛策略。我们都知道，无论题目的难度如何，每一个姓氏或是名字都只值1分的原始分，因此我们在比赛的过程中，要尽量选取简单的姓氏或者名字进行记忆。初学者最开始可以选择只记忆1个字和2个字的姓名，当自己的记忆水平提高到一定程度，将试题中所有2个字以内的姓名记完还有剩余时间，或者是遇到一些特别熟悉、好记的3个字或4个字的名字时，才会选择记忆。

当我们遇到姓氏很简单，但是名字特别长，或是相反的情况时，可以选择只记忆人物的姓氏或者名字，而不需要记忆完整的姓名。那我们应当如何分清我们所记忆的这一半是姓氏还是名字呢？要知道作答卷上每个头像下方共有两条横线，倘若我们写错了位置，可是无法得到分数的。笔者采用的方式是加入一个编码作为提示物，区分文字所在的位置。

当我们只记忆人物的名字（即第一条横线上面的内容），而不记忆人物的姓氏（即第二条横线上面的内容）时，只需要正常记忆即可，不需要加入任何提示物。但当我们只记忆人物的姓氏，不记忆人物的名字时，可以在编码的互动中加入白雾，表示自己跳过第一条横线上的内容，只记忆第二条横线上的内容。

如只记忆下图人物的姓氏，在想象贝尔口中的钠在发生化学反应的过程中快速变红的同时，还需要想象化学反应激起了阵阵白烟。

吉列尔莫　贝尔纳

再如在记忆下图人物的姓氏时，我们可以想象该男子微笑并点头答应，发出："嗯"的声音，同时鼻子中喷出白雾。

帕特里克　微恩

在讲述完记忆的技巧后，我们来谈一谈复习的策略。人名头像的项目共有两种时间规格，因此我们需要分开讨论：

在5分钟的记忆项目中，笔者是不进行复习的。即从头到尾只记忆一遍，通过把握一遍的记忆质量来确保自己能够流畅地作答。初学者若对自己的记忆质量缺乏信心，可在记忆3分钟后，从头到尾进行复习，之后再使用剩余的时间往下记忆，此后所记忆的内容将不再复习。人名头像的复习是没有办法直接回忆的，我们必须采用复看的方式。

在15分钟的记忆项目中，笔者会在记忆8分30秒左右时，从头到尾进行复习，再使用剩余的时间往下记忆，此后所记忆的内容将不再复习。初学者可以根据自己的需要，在合适的时候，再复习一次。

作答策略

由于答卷中的头像是完全打乱的，我们只需要按照顺序从前往后进行作答即可。当我们遇到无法肯定答案正确，或是确定有记过，但一时间无法回忆起来的头像，可以进行标注，等到第一轮作答结束，再进行查漏补缺的动作。在G.A.M.A.的比赛中，我们可以巧妙运用答题的规则，在不确定的地方，重复作答同样的姓名。但是在WMSC的赛事中，由于计分规则严苛，则不能使用这种方式猜测答案。

在完成作答之后，一定要进行检查，确保自己把每个名字都写在正确的位置上且没有书写错误。倘若有时间剩余，我们可以数一数作答的个数，估算自己的得分。

训练方法

正如上述的记忆方法被分为了三步一般，人名头像的训练方法通常也被分为三步。第一步是图片特征的提取，第二步是人名的转化，第三步则是记忆。前期我们需要在人名的转化上花费较多的时间和精力，多进行总结归纳，当人名的转化速度提高到一定程度之后，记忆水平自然而然就会得到提升了。

人名头像并不需要进行太密集的训练，即使在备赛阶段，我们依然只需要每三天进行一次练习，找到记忆节奏即可。人名头像相对其他项目而言，成绩较为稳定，不易受到各种外界因素影响，而它通常又是每次赛事的第一个项目，因此选手经常会利用人名头像来帮助自己进入比赛状态。

此处我们同样给出5级目标：

5分钟记忆项目：

1级目标：原始分30分

2级目标：原始分45分

3级目标：原始分60分

4级目标：原始分70分

5级目标：原始分80分

15分钟记忆项目：

1级目标：原始分80分

2级目标：原始分100分

3级目标：原始分120分

4级目标：原始分160分

5级目标：原始分180分

和过往的项目相同，1级目标同样是非常容易达到的，但是由于许多记忆者并不重视这个项目，许多达到1级目标的选手在过往很多城市级别的赛事中，都具备争夺前三名的机会。

2级目标是一个具备一定水平的记忆者应该要达到的水平，人名头像项目对正确率的要求不像其他项目那么高，甚至于出现错误也不需要倒扣分，是一个提高总分、与其他选手拉开差距的好机会，因此记忆者应该多多练习，争取达到这一水平。

根据过往的比赛结果，达到3级目标就具备了在国内的比赛中争夺奖牌的机会，笔者过去也处于这个水平。这同样不是一个很难达到的水平，只要记忆者愿意付出相当于数字记忆训练一半的精力，便能练到这一水平。练到这一水平，记忆者将不仅需要记忆1个字和2个字的名字，绝大部分的3个字名字都要列入记忆的范围内。

据笔者所知，国内只有寥寥几人达到4级或5级目标。过去人们常用不习惯记忆外国人名、记忆卷里的中文名太少来解释为何外国选手在这一项目上的平均成绩要高于中国选手,但笔者认为这并不是十分合理的理由。或许在前期,记忆者会因为不习惯记忆外国人名,而仅能得到较低的分数。但是只要勤加训练,并且刻意积累外国名字,这些问题都能迎刃而解。

常见问题

1. 听说人名头像项目所使用的纸张与其他项目不一样,是真的吗?

答:有些比赛中会使用比普通纸张更厚一些的铜版纸打印人名头像的试卷,有些比赛则使用普通厚度的纸张,但这都不会影响正常的记忆和作答,无须太过担心。

2. 有些头像明明记过,但是在作答的时候却无法找出来,应该怎么办?

答:由于我们在联结的时候,与人脸的特征联系不够密切,有时候会出现无法想起来的情况。我们可以在作答的过程中,将突然想到的、有记过的名字写在试卷的空白处,倘若在接下来的作答中完成了这个名字的作答,就将空白处的名字划掉。等到第一遍作答结束,倘若出现未填入横线中的名字,我们则可以使用排除法,寻找是否存在被遗漏的人头没有作答或是出现张冠李戴,在某个人头下方填写了他人名字的情况。由于人名头像项目没有扣分规则,因此我们可以稍微牺牲正确率,提高记忆速度,以获取更高的分数。即使出现未能完全作答的情况,只要将错误率控制在一定范围内,也可以接受。

3. 外国的姓氏跟中文的姓氏位置是相反的,作答时候需要倒过来写吗?

答:在这个项目中,我们不需要特别在意中外名字的书写差别,只要按照记忆卷的位置进行书写即可。记忆卷中位于前面的名字,我们就在第一条横线上作答,记忆卷中位于后面的名字,我们就在第二条横线上作答。

特殊记忆法

我们还可以通过观察头像的微表情,并结合关于其名字的联想,揣测他的心理,同时赋予他一些行为动作。

(一)编码

看历年真题,并且在训练之中找到常出现的汉字,对他们进行编码,如阿、布、莫、纳……

编码的类型和数字编码有些不同，不单是具体的物品，还需要一些动词、抽象词、情感词来辅助串联，如阿——苹果、达——打、迪——在底下、纳——吸收、莫——不要、乐——快乐、娜——（让物体）扭曲、斯——过世了……

当然，我们一定会在记忆的过程中遇到没有编码过的字，而且数量会很多。这时我们需要按照平时编码的思路，对这些文字进行同样的处理。同时还会有像"迪"和"蒂"这样的同音字，编码和记忆的过程中要区分好。

（二）观察人脸，推测心情

以下面三幅人像为例子，虽然他们都在笑，但是在我看来，第一个是带有敷衍的，笑得很勉强的，就像领导讲了一个不好笑的笑话，但是你要配合他笑一下的那种感觉。第二个是微笑，而且带有一点反派的那种一切尽在掌握中的感觉。第三个则是很开心地笑。

莫阿玛　德永 　　　　萨拉马　加芙尼 　　　　切丽　特略

（三）串联

人名头像的联结过程不像数字记忆，无法清晰地区分主被动关系。以上面的第一个人名头像为例，我将"莫阿玛·德永"转化为：不要苹果，要宝石，因为道德永存。将这个逻辑与头像进行串联，编成一个故事：我递给这个品德高尚的小孩子（把宝石作为品德的象征）一个苹果，他做了一个拒绝的动作，同时另一只手高高举起，指向天空，表达自己的心情（为自己的品德高尚感到自豪）。原本的人像中不包含手的部分，因此我们需要进行想象。这个故事表达的是抽象的含义，只有记忆者本人能够清楚明白其中蕴含了什么样的人名和头像，但是对于在人名头像项目中回答出头像对应的人名，这样的联想足够了。

再以上面的第三个人名头像为例，我将"切丽·特略"转化为："切碎美丽和特殊的策略"。将这个逻辑与头像进行串联，编成一个故事：她（这个头像人物）切碎了一个美丽的"东西"，得到了变美的策略，所以她笑得很开心。在这个故事中，逻辑是潜藏的，需要领会。

（四）总结

有时我们会遇到自己熟悉的名字，比如安德烈、安妮、詹姆斯……这时就不需要去进行联想了，直接把熟悉的人作为一个名词去做串联即可，积累的外国人名越多，记外国人名时就越轻松。

有些情况下我们因为字数或其他因素，选择跳过名字，直接记忆后面姓氏，这时需要在故事中有滞留感。还是以"莫阿玛·德永"为例子：可以想象递给了他什么东西（这在脑海里是看不见的），被他拒绝了，然后他单手指天表达"德永"的心情。

注意根据名字的顺序来进行串联，例如：是切碎了美丽得到"特略"，而不是通过"特略"切碎美丽。这一个小错误看上去不会发生，但在实际记忆的过程中常常注意不到。

如果仅通过故事和表情的联结还是记不住的话，可以通过加上图片中的细节去帮助记忆。例如，蓝色衣服可以让人想象到海边，长头发可以想象头发被甩起来，赋予项链特殊的含义或意义等。不仅如此，还可以在进行故事串联的过程中考虑人物的年龄，小孩子做的事情会略显稚嫩，中年人会比较稳重……这些是通过自己的主观感受去赋予的。

（五）复习策略

在记忆的过程中，根据自己的水平选择目标。初学者记忆一两个字的名字即可，水平上去后，可以尝试记忆3个甚至4个字的名字。我每记忆一页之后，就需要复习一次，因为这个方法需要大量复习。

在5分钟项目中，我会把第一页记完以后复习一遍，第二页、第三页也一样。第三页记完而且复习完之后，会将第一页到第三页重新复习一遍，剩下的时间去记第四页。

第三节　随机图形

随机图形又称具象图形，是指记忆者在5分钟的时间内记忆尽可能多的图形的顺序，并在答卷中对打乱的图形重新进行排列。

比赛规则

表 3-3　比赛时间

时间	短时赛	中时赛	长时赛
记忆时间	5分钟	5分钟	5分钟
作答时间	15分钟	15分钟	15分钟

记忆卷样卷：

记忆规则：

①记忆卷每一页都是用A4纸打印的，其中包含了10行，每一行有5个图形，共计50个图形。每一行的图形从左往右按照1~5的顺序排列。

②每一行都是独立的，排序最末的图形序号为5。倘若在答卷中填写大于5的数字，如6、7、8等，都属于无效作答。

③记忆卷所提供的试题量为世界纪录的120%。

④选手可以选择任意行进行记忆。

⑤在该项目的记忆中，桌面上不可以存在任何书写工具和多余的纸张。

答卷模板：

作答规则：

①答卷的格式与内容和记忆卷是一样的，但是同一行中的5个图形的顺序将会被打乱。行与行之间的顺序不会被打乱。

②选手需要在作答卷中根据记忆卷的顺序，在对应的图形下方写下1~5的数字。

计分规则：

①每一行的作答若完全正确，则该行可以获得5分的原始分。

②如果在尝试作答（有书写痕迹）的行数中，出现空白或者错误，则该行不仅拿不到分数，还要倒扣1分的原始分。

③完全不作答的行数将得到0分的原始分（不需要倒扣分）。

④若最终得到的原始分小于0分，则以0分计算。

记忆策略

随机图形的记忆不需要编码，而是直接使用记忆卷中的图片进行记忆。因为竞技记忆的诀窍就是将文字转化为图像进行记忆，而随机图形这个项目本身就是以图形的方式呈现的，因此也就省略了转化的过程。

我们要知道的是，随机图形看似一行要记忆5个图形，但实际上只需要记忆4个就能完成排序。因为只要确定了前面4个图形是什么，那最后剩下的那一个没有记过的就是第5个，使用排除法就可以判断出来。以下给出两种记忆随机图形的方法：一种是常规的地点法，另一种则是故事法。

（一）地点法

地点法即将每一行的第一个和第二个图形与一个地点形成一个整体，令三者发生互动；第三个和第四个图形与下一个地点形成一个整体，令三者发生互动，以此类推。而图形间的互动由于无法事先设定主动动作，所以更多地是依靠记忆者的临场发挥。但我们需要注意的是，两个编码间的先后顺序，依然需要遵循一定的规则，以避免混淆图形顺序。通常我们可以采用图形一在地点上对图形二做出动作，图形一使用图形二对地点做出动作，图形一对地点做出动作从而出现图形二等方式进行互动，即这些互动规则与数字记忆是无异的，唯独不同的是，编码所使用的动作需要临场编制。为了应对这种情况，我们可以根据图形在现实生活中的作用制定动作，也可以根据实际情况的需要，为其设定非现实生活中的动作。

如要使用地点法记忆以上五个图形中的四个，我们先选定此次记忆所要使用的地点。此处我们选择的是前文曾多次提及的酒店房间。我们选用其中的沙发和茶几作为记忆该行图形的两个地点。

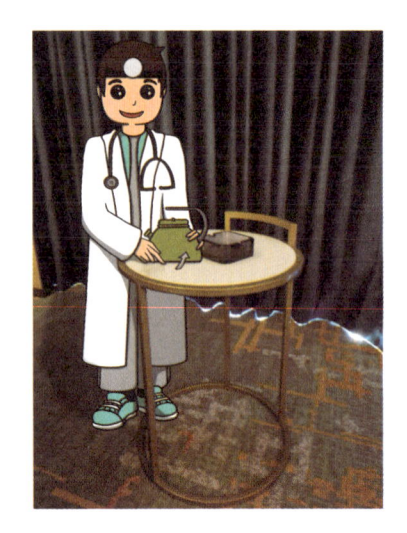

在沙发上可以想象使用毛刷清洗沙发上的平底锅的画面。在茶几上，我们则可以想象医生站在茶几边上，想要举起茶几上的茶壶。这样我们就可以将这四个图形记住了。

再如我们选用台灯和柜子这两个地点记忆上图的五个图形中的四个时，可以想象将面包丢入台灯上的平底锅内。由于台灯已经运作许久，所以台灯表面非常滚烫，平底锅放在台灯上会快速升温，以满足我们将面包放入其中进行烹饪的需求。需要注意的是，为了避免无法分清面包和平底锅的先后顺序，我们必须强调面包从上方落入平底锅的过程。倘若只有面包在平底锅内烹饪的画面，在作答的时候，将很容易误以为平底锅是置于面包之前的。

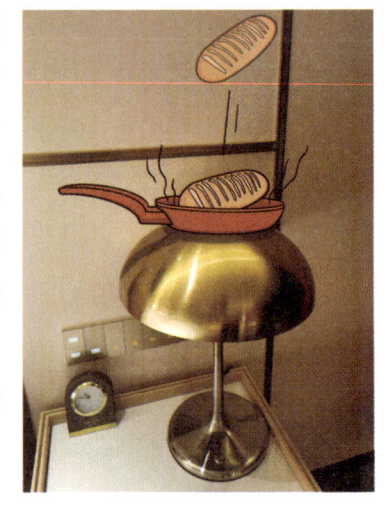

在记忆旗帜和医生时，我们可以想象在挥舞旗帜之后，医生在柜子里开始奔跑。

以上就是使用地点法记忆随机图形的大致流程，因为其过程与数字记忆相去不远，所以笔者相信，不需要过于详细地介绍，读者亦能掌握其中的技巧。

（二）故事法

故事法是一种不使用地点，而是将每一行的前4个图形相连，编成一个简短小故事以进行记忆的独特方法，也是笔者更为推荐的一种随机图形记忆方法。

如我们在记忆上图中的前4个图形时，我们可以想象大象驾驶着碰碰车，这台碰碰车的前端连着一个铲子，铲子上是碰碰车第一名的冠军奖杯。这样，我们就可以把这四个图形按照规定的先后顺序联系起来了。

故事法更加注重临场发挥的灵活性,记忆者需要在短时间内对随机出现的四个图形进行整合。有些记忆者并不擅长编故事,更加习惯于练习较多的地点记忆法,则可以选择第一种记忆方法。若是能接受故事记忆法,笔者则更建议使用故事法。因为故事法减少了两次与地点互动的加工,所需要处理的工作量更少,记忆速度更快,且图形间的联系更为紧密,有助于对记忆模糊的图形进行推理。

在这个5分钟的记忆项目中,最开始的几行图形记忆同样是一个速度由零逐渐加速到常规记忆速度的过程,在达到常规速度之后,我们就维持这一速度继续记忆4分钟,在听到还剩最后一分钟的口令之后,可以适当加速,进行最后的冲刺。

作答策略

作答的过程中,我们需要先完成最后抢记的内容,之后再从头往后进行作答。笔者的书写习惯是按照从1~5的顺序进行书写,即在观看到打乱顺序的一行图形之后,先找出这一行中序号为1的图形,再找到序号为2的图形,以此类推。有的记忆者喜欢按照作答卷的图形顺序,即"5、4、1、3、2"的顺序书写。这种写法回忆起来不够顺畅,笔者并不推荐。

若在作答的过程中,遇到不确定的答案,需要在该行的前面进行标注,方便我们在第一轮作答结束之后回过头进行检查。倘若不做标记,则需要花额外的时间进行检索。

随机图形对记忆准确率的要求较低,不需要像数字记忆那般精确,只需要能从五个图形中顺利选取即可。且计分机制也较为宽松,不需要10个地点都完全正确才能获得分数,地点间只会两两相互影响。对于无法判断两个图形先后顺序(即有50%概率正确)的情况,是选择作答,还是选择将整一行划掉不予作答呢?笔者的建议是,若无特殊状况,对于50%概率作答正确的状况我们应该选择作答。

假设我们有6行图形无法确定答案,倘若选择都进行作答,只要这6行中正确1

行，得到了5分的原始分，剩下5行即使全部错误，扣除5分的原始分，最后的结果不过是和完全不作答相同。倘若按照50%的正确率计算，正确作答了3行，错误3行，我们仍可得到比完全不作答多12分的原始分（3×5-3=12）。因此从概率上讲，选择作答能够获得更高的分数。

相对应地，我们既然不需要做到完全正确，就可以进一步提高记忆速度，让自己在限定的时间内，记忆更多的行数，只要把正确率维持在一定范围内，我们就可以得到比追求完全正确而牺牲速度更高的分数。因此在这一项目中，我们不需要进行复习，只需要在5分钟的记忆时间内不断地向后记忆即可。但是，为确保在增加记忆量的同时记忆正确率不降得过低，记忆者需要摸索自己的记忆节奏，控制自己在提速时，不"飘"起来。

训练方法

随机图形的训练不需要进行联结或是带桩联结的训练（如果使用故事法），只需要进行记忆训练即可。记忆者可通过1分钟的记忆寻找该项目的记忆节奏，之后就可以着手5分钟记忆的训练了。为了避免记忆的过程中遇到与练习时重复的图形而导致回忆过程出现混乱，在正式比赛前，我们不需要进行1分钟的记忆训练来找到比赛状态，而是按照过往的记忆节奏，在位置上连续低声发出"嗯"的声音，找到平时的记忆节奏。

此处我们同样给出5级目标：

1级目标：原始分200分

2级目标：原始分250分

3级目标：原始分300分

4级目标：原始分400分

5级目标：原始分450分

1级目标和2级目标都是较为容易达到的进阶目标，虽然当前国内的比赛只要得到250分就有很大概率得到前三名，但这是大多数选手不重视这一项目的结果，而非项目的难度较大。要达到3级目标就需要记忆者将记忆速度提起来，使1分钟的随机图形记忆量达到100个左右，从而获取在国内甚至国际赛事争夺奖牌的资格。倘若要达到4级目标乃至于5级目标,就需要记忆者在提速的同时,将正确率提高到很高的层次,即在保持高速记忆的同时,正确率也保持在95%左右。这一层次的选手在记忆量上与3级目标的选手或许没有太大区别,但在质量上却天差地别。换句话说,只要达到3级目标的选手能够处理好正确率的问题,就能晋升到下一阶段。

第四节 快速数字

快速数字即5分钟数字记忆,要求选手在5分钟的时间内,尽可能多地记忆随机数字表上的数字,并在15分钟的作答时间内,将所记忆的数字尽可能完整地默写在答卷上。这个项目与我们先前练习过的40个数字和80个数字的记忆方法相似,都是短时间的数字项目记忆,由于我们已经具备一定的数字记忆基础,因此这个项目的学习将会比较简单。

比赛规则

表 3-4 比赛时间

时间	短时赛	中时赛	长时赛
记忆时间	5分钟	5分钟	5分钟
作答时间	15分钟	15分钟	15分钟

记忆卷一行有40个数字,完整的一页纸共计25行。快速数字的试题量为当前世界纪录的120%,如果选手认为自己的水平超过世界纪录的120%,需要更多的试题,则需提前一个月提出申请。

记忆卷样卷：

GAMA **Online**
Random Numbers - Memorization

9 5 2 8 0 8 8 4 5 5 6 5 3 7 2 4 4 4 9 6 0 9 6 5 8 5 4 8 7 0 7 2 4 3 0 5 2 7 5 6	Row 1
1 8 1 7 9 4 0 1 9 2 6 0 5 3 6 3 7 8 4 3 7 6 4 9 7 3 1 0 7 6 4 2 9 1 2 4 7 1 7 4	Row 2
8 7 6 1 5 5 4 3 6 8 7 8 9 3 6 5 6 9 6 2 6 3 0 6 2 7 1 7 7 9 6 7 8 5 4 5 7 9 3 5	Row 3
3 7 0 7 7 2 1 3 9 7 3 8 9 4 1 1 2 6 6 2 4 8 8 1 5 6 6 8 8 8 7 3 2 6 5 9 2 9 6 0	Row 4
0 7 6 3 8 4 0 4 3 7 7 0 6 0 0 3 5 0 2 1 3 7 0 0 9 5 3 6 6 1 9 4 9 7 2 5 7 7 5 3	Row 5
5 3 2 2 7 1 9 5 7 9 4 8 0 2 2 4 9 4 6 1 5 2 6 9 0 6 1 1 6 6 8 8 1 0 3 1 7 3 8 0	Row 6
0 8 0 9 3 3 5 9 7 6 2 1 2 1 0 2 7 1 8 2 2 4 6 8 1 5 8 8 6 2 1 0 7 6 5 4 9 4 2 5	Row 7
2 1 0 9 3 6 6 9 6 8 2 4 9 8 1 7 8 8 5 3 8 2 2 0 8 0 9 1 9 8 3 2 6 8 8 9 8 2 8 6	Row 8
8 1 8 5 5 8 2 7 6 2 8 1 9 3 0 6 4 1 3 6 2 5 0 3 5 8 0 4 4 7 4 3 9 0 7 0 3 2 9 6	Row 9
6 3 0 8 0 3 9 0 7 6 5 6 2 0 6 0 4 2 2 4 3 6 3 9 1 5 6 7 1 2 2 5 5 1 5 4 1 1 0 9	Row 10
6 1 5 5 7 8 5 0 5 2 7 4 7 3 2 0 6 5 3 4 5 2 0 8 9 8 6 6 5 1 5 4 1 9 4 5 8 5 5 6	Row 11
4 1 3 6 8 8 5 0 0 2 7 6 7 2 4 9 1 2 9 5 6 1 7 3 6 4 7 4 5 7 0 4 0 1 0 9 4 5 1 8	Row 12
0 1 6 5 8 4 9 6 8 8 2 1 5 5 6 1 6 4 3 8 1 1 7 5 2 6 9 0 1 0 7 7 4 0 8 7 1 7 4 0	Row 13
3 5 9 9 2 7 2 5 9 8 2 3 8 5 0 1 4 1 3 3 8 9 0 0 5 7 5 8 3 0 1 1 2 2 1 1 4 5 3 6	Row 14
5 3 2 7 7 6 6 5 0 0 0 6 9 2 7 3 8 0 9 1 0 0 2 5 1 5 6 0 0 9 6 6 3 0 5 4 5 6 0 4	Row 15
6 2 2 2 6 8 5 8 1 9 4 2 9 5 5 5 3 6 9 2 6 4 7 3 3 6 3 5 8 2 6 7 3 4 2 6 9 0 2 1	Row 16
4 2 8 9 6 7 1 9 4 2 2 9 1 1 5 4 1 8 1 1 0 3 9 8 7 6 3 3 8 6 2 4 3 8 2 2 0 9 1 5	Row 17
0 6 8 2 0 7 2 4 0 4 1 0 4 5 7 0 5 4 1 9 9 6 0 4 2 3 2 6 1 9 2 6 2 1 5 3 1 8 8 6	Row 18
9 1 5 8 6 1 2 6 4 2 2 4 7 9 8 4 9 0 1 1 6 8 1 9 6 9 7 9 9 6 9 5 1 7 5 4 7 7 9 2	Row 19
2 6 4 5 7 3 5 2 1 9 1 2 1 6 4 9 7 8 4 0 7 9 0 6 5 9 8 3 0 0 9 9 6 4 2 9 3 3 3 9	Row 20
8 6 9 2 0 2 1 2 3 4 8 8 8 2 9 5 0 3 9 3 7 1 0 3 5 2 4 4 8 0 5 2 1 8 0 3 7 7 4 3	Row 21
4 1 1 8 6 2 6 7 0 9 1 2 1 3 4 0 9 5 2 0 1 5 6 5 1 2 7 3 7 0 0 5 8 7 1 8 8 3 8 3	Row 22
0 9 7 2 0 0 3 0 7 5 5 3 8 2 8 6 2 8 1 1 9 7 5 5 0 1 0 4 5 2 3 5 1 7 8 6 1 1 1 5	Row 23
5 7 4 4 4 5 4 6 4 5 0 4 7 8 0 3 5 7 0 5 8 9 7 3 5 0 7 0 2 6 0 8 9 6 0 3 5 2 5 7	Row 24
0 0 7 4 6 6 0 5 3 6 5 6 7 9 4 7 8 9 2 1 7 5 1 9 3 7 8 7 9 7 3 1 6 2 9 8 9 4 7 5	Row 25

答卷模板：

GAMA Online
Random Numbers - Recall

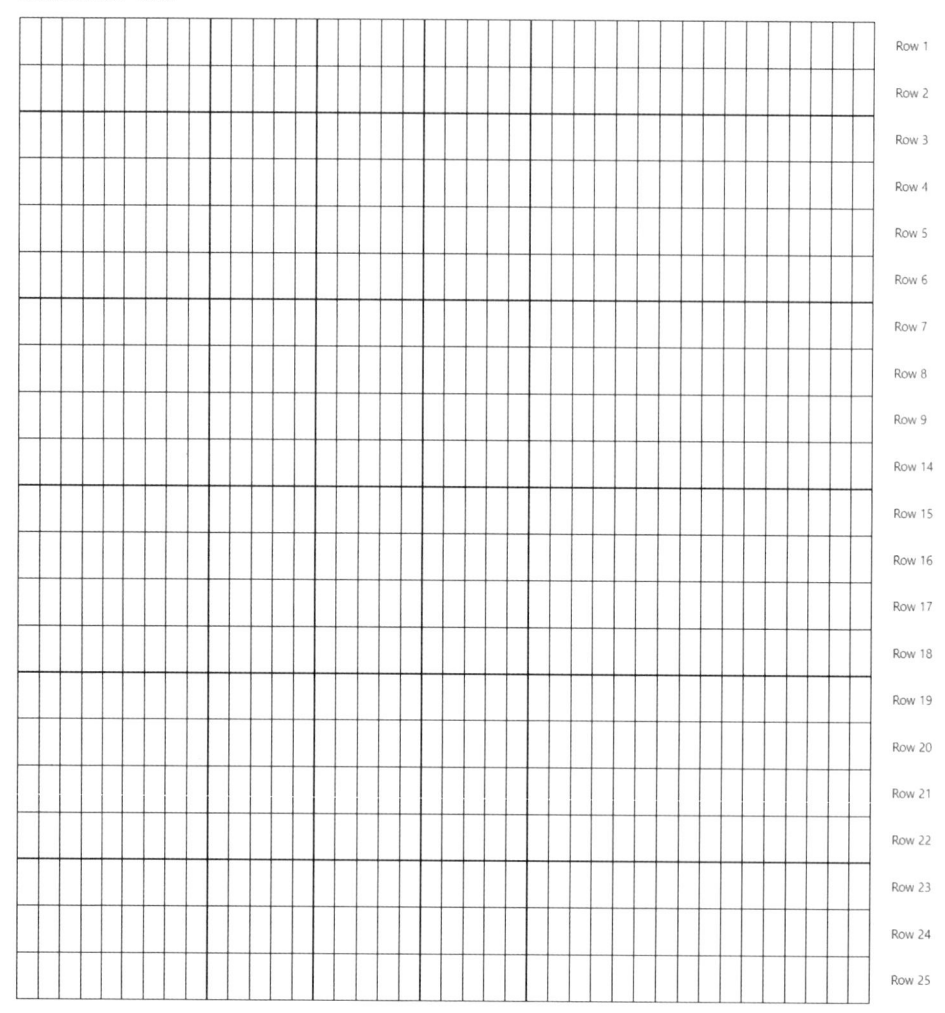

Row 1
Row 2
Row 3
Row 4
Row 5
Row 6
Row 7
Row 8
Row 9
Row 14
Row 15
Row 16
Row 17
Row 18
Row 19
Row 20
Row 21
Row 22
Row 23
Row 24
Row 25

Page 1 of 1

计分规则：

①选手每完全正确作答一行，则获得40分的原始分。

②一行中出现1个数字错误或是空缺，则该行获得20分的原始分。

③一行中出现2个及以上的数字错误或是空缺，则该行获得0分的原始分。

④完全未作答的行，则以无效作答论处，该行计0分。

⑤在有效作答的最后一行，选手倘若未完全作答40个数字，如作答了22个数

字，且作答的数字完全正确，则计正确作答的数目为该行的原始分，即计22分。

⑥在有效作答的最后一行，选手倘若未完全作答40个数字，如作答了22个数字，且作答的部分中出现1个数字错误或是空缺，则该行计正确作答的数目的二分之一，为该行的原始分，即11分。

⑦在有效作答的最后一行，选手倘若未完全作答40个数字，如作答了23个数字，即作答数目为单数，且作答的部分中出现1个数字错误或是空缺，则该行计正确作答的数目的二分之一后四舍五入取整，为该行的原始分，即12分。

⑧在有效作答的最后一行，选手倘若未完全作答40个数字，且作答的部分中出现2个及以上的数字错误或是空缺，则该行获得0分的原始分。

记忆策略

我们已经在先前的篇章学习过了数字的记忆方法，5分钟数字项目中，我们采用的就是常规的数字记忆方法。但与常规的数字记忆不同的是，5分钟数字的记忆量要更大，因此在记忆的过程中，我们常需要加入一个复习的环节，即看两次。而什么时候进行复习？如何进行复习？每个记忆者都给出了自己的答案。

随着我们记忆水平的提高，在5分钟数字项目中往往需要使用不止一组地点，因此笔者采用的复习方式就是以组为单位进行复习。在这个项目中，笔者选择了若干以30个为一组的地点，每组地点可以记忆三行数字。在记忆的前半程，笔者每完一组地点，就会将对应的三行复习一次。直到裁判长宣布还剩最后一分钟时，笔者稍微提高记忆速度，每记忆一行，就将该行复习一次。当进入倒计时，剩余的时间不足以完整地记完一行，则该行只需要尽可能地往后记，不需要复习。

有的记忆者喜欢将5分钟数字分为两部分，每记完一部分就将这部分复习一次。但是以多少数字为节点区分前后两部分，每个记忆者都有自己的习惯。假设记忆者可以记忆400个数字，他可以将其分为两组200个数字，也可以将其分为280个和120个两个部分。在完成预期记忆量后，倘若有时间剩余，则尽可能地往后记。而有的记忆者喜欢将预期记忆量完成后，再进行整体复习。

当然还有的记忆者追求极致，选择不复习，只记忆一遍。这对记忆准确率的要求非常高，而且较难稳定，因此笔者并不推荐初学者轻易尝试这种记忆方法。

相较于复习，如何记忆才是更为关键的。有些记忆者喜欢在一遍记忆时，只保留一个基本的印象，将第二遍记忆作为记住的关键，笔者相当不认同这种方式，因为这样的第一遍记忆效用太低，记忆者难以保持专注，且会失去查漏补缺的机会。在作答之前，记忆者都无法确定自己是否记住了目标数字。笔者更倾向于将重心放在第一遍，踏踏实实地记忆数字，第二遍的作用更多是加深印象和查漏补缺。在第一遍记忆之后，记忆者对于自己什么地方可能没有记牢是有一定的心理预期的，因此在复习的时候，就更加地有针对性。对于一些过于舒适的编码地点组合，由于太容易联结，记忆者往往会轻视而快速掠过，反倒是需要思考的联结，更能吸引记忆者的注意力，记忆效果更好。因此，复习的一个重要任务，就是强化这些容易掉以轻心的联结。

关于复习，我们还有两种不同的模式，一种是复看，另一种则是回忆。复看即看着记忆卷上的数字，顺着第一遍的记忆思路，再次回顾每一个地点上的互动过程；回忆则是不再看记忆卷，直接闭上眼在脑海中回忆每个地点上的编码，倘若无法想起地点上的内容，再睁眼复看相应的数字。后面的这种方式复习效果会更好，记忆者可以更为清晰地回顾自己第一遍的记忆情况。只要是在回忆的过程中能够想起来的信息，在作答的时候，都可以流畅地复述出来。但倘若第一遍记忆时出现看错或记错的状况，通过回忆的模式复习就很难察觉，且回忆对信息提取的速度以及第一遍的记忆质量有很高的要求，倘若第一遍没有记牢，第二遍需要频繁地复看，消耗较多的时间。因此，笔者建议在5分钟数字的项目中，直接使用复看的方式进行复习，在长时记忆项目中，再使用回忆的方式进行复习。

在比赛中，快速数字通常有两次机会，最终的比赛成绩只会选取其中分数更高的一轮。因此，如何更好地利用这两次机会去博取更高的成绩，也是我们需要好好思考的问题。

通常我们会练习两种记忆速度：一种是相对较稳的速度，另一种是相对较快的速度。笔者建议在第一轮使用相对较稳的速度，确保自己得到可以接受的成绩，第二轮再使用相对较快的速度，去博取更高的分数。假设第一轮不幸失手，第二轮则继续使用较稳的速度。由于在第一轮比赛结束之后，是一定会公示第一轮成绩再进行第二轮比赛的，因此记忆者可以更从容地考虑自己第二轮的记忆策略。

有些记忆者反其道而行之，在第一轮中选择较快的记忆速度，倘若成功，第二轮将没有任何压力，甚至可以放弃第二轮以换取更长的休息时间。倘若失败，则还可以在第二轮使用较稳的速度。但这种方式需要很强的心理素质，才能在第一轮失败后及时调整心态，避免第二轮由于心理压力过大而发挥失常。

不管使用哪一种方法，其实都是建立在记忆者对自己的记忆有着绝对的信心，相信自己失手的概率较小，连续两次失手的可能性微乎其微的基础上的。如此，记忆者才可以更好地投入记忆本身，而不被万一失败就没有分数的负担所困扰。这份信心正来源于自己平日的训练，倘若平日训练能够保持100%的正确率，比赛就不太需要担心。倘若平时每一行正确率都在90%以上，但很难做到100%正确，看似与全对相去不远，但要知道，根据比赛规则，只要写错两个数字，该行得分就是0分。每次比赛中，选手要记忆400个乃至500个数字，最终得分不过100分的情况时有发生，平时训练中小小的差别就会给选手带来莫大的心理负担。

需要注意的是，此处笔者所说的两种速度，是建立在有固定节奏的基础上，而非盲目地提速或是放慢速度。这两种记忆速度的快与慢都是相对而言的，所谓的快速并非快到飘桩，或内心急切，慢速并非在出图后还在地点上刻意停留。这两种速度都是记忆者平时在训练的过程中，具有极高正确率的正常速度。

作答策略

在作答时，我们先行将最后一行快速掠过的数字写在答卷的对应位置，之后再从头开始往下作答。倘若作答的过程中遇到完全遗忘的数字，我们可以先行空开，等到第一轮作答结束之后，再回过头进行补充。有时向下写的过程中，就能忽然间想起空缺的数字，此时我们应该及时填补空缺。倘若遇到无法判断哪一个编码才是正确答案的情况，我们可以将此处的两个格子空开，把有可能是正确答案的编码都写在该行两边的空白处，等到第一轮作答结束之后，再回过头进行判断。倘若出现能够进行作答，但是无法确保自己的答案一定正确的情况，则在该行的最前端或最后端空白处进行标记，等到第一轮作答结束之后，再回过头进行检查。

在作答最后一行时，倘若我们未能回忆起全部数字，中途有一个地点被遗忘，我们可以选择放弃作答空缺地点后面的数字（若已经作答则将其划掉）。例如，我记忆了70个数字，其中第51、第52个数字无法回忆起来，剩余的数字都准确无误地记得，此时如果将我们所记忆的数字全部写在答卷上，根据计分规则，第一行数字全部正确，可以得到40分，第二行出现两个数字的空缺，因此以0分计算，即一共可以得到40分的原始分。但如果我们只作答到第50个数字，从第51个数字起，都不进行作答，根据计分规则，在第二行可以得到10分的原始分，即我们共计得到了50分的原始分。因此，在作答最后一行的时候，我们可以选择性放弃作答不确定的数字及其之后的部分，来确保自己在该行获得一定收益。在其他项目中，都可以使用这一个技巧，读者可根据规则自行判断。

我们在完成第一轮作答之后，先将自己的姓名和ID写在作答卷的对应位置，再进行一系列的查漏补缺。裁判只会关注我们作答在格子中的内容，两边的一系列记号都不会对成绩产生任何影响。笔者在先前的篇章中曾提到过推理的方式，即从"00"到"99"进行推理，犹豫不决时遵循第一直觉。

在查漏补缺结束之后，记忆者需要从头到尾地检查每一个格子的数字，检查是否有笔误，是否与其他地点混淆，是否有缺漏数字的状况。倘若作答时无意间跳过了一个地点往后作答，没有留出四个格子，导致下方若干行的答案全部错位，记忆者视情节轻重和剩余时间，可选择重新誊写答卷，或是使用插入符号在中间插入缺漏的数字，并用详细的文字在一旁的空白处进行说明。

在下图的样卷中，我们可以清晰地看到作答卷每个格子都是细长状的，正常的书写是不需要将整一格都占满的。因此作答时，可以贴着每一格的底部进行书写，这样即使在检查时发现错误，我们还可以直接划去该数字，在上半格重新书写。

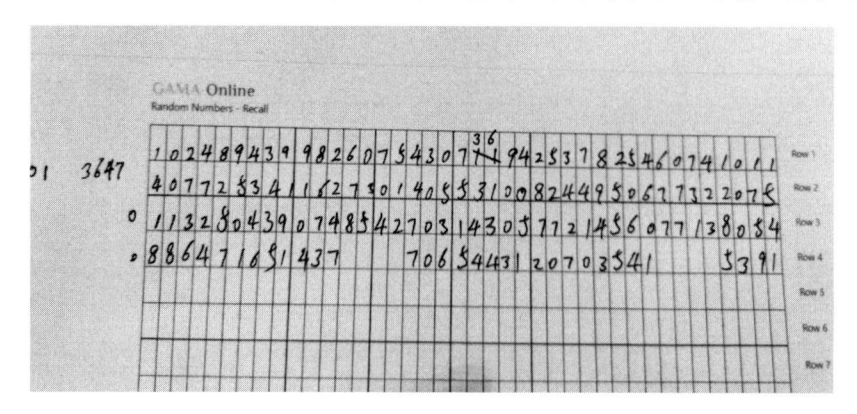

训练方法

笔者建议记忆者在能做到2分钟无误记忆120个数字后，再开始5分钟数字的训练。每天的记忆训练开始前，记忆者可先进行1页数字的联结（即1000数字），找到记忆节奏，接着准备好5分钟数字使用的地点和记忆卷，用计时设备设定时间后，开始记忆训练。

在记忆结束之后，记忆者需要按照比赛的要求进行作答。作答不一定要打印专门的作答卷，可以使用普通的纸张，但是必须要模拟作答流程，一行书写40个数字，分行作答，并尽可能地完成记忆内容的作答，对于未能回忆起来的数字，要尽力推理。倘若记忆完成后，认定自己这一轮的记忆完全没有节奏，也不用勉强自己进行作答，直接开启下一轮记忆即可。

5分钟数字的记忆，需要使用自己最为熟练的数字地点，若使用较为一般的地点，则跟不上快速数字的节奏，且高速运转会使大脑产生疲劳感，多次练习，训练效果会逐渐降低，因此，若目前阶段并不是针对性的快速数字训练，则不需要做大量的记忆训练，每日进行两次足矣。

倘若记忆者当前正在进行针对性的训练，目的在于集中突破快速数字项目，则在两轮5分钟数字记忆之后，还可以使用方才的地点，进行带桩联结。该训练不需要加入复习的过程，但是要确保自己是以正式记忆的节奏和加工精细度去处理数字与地点，这样的练习才能达到应有的效果。

有些记忆者喜欢使用规定记忆量、压缩记忆时间的方式来提高自己的成绩，这同样是一种非常不错的训练方式。如我们最开始记忆300个数字需要6分钟的时间，则可以通过不断地练习记忆300个数字，将记忆时间缩短到5分钟。

虽然设定目标一定程度上会给记忆者的思维带来局限，难以突破前人制定的评判标准，但在训练前期，为自己设定目标仍有利于激发记忆者的训练动机，促进记忆者水平的快速提高，因此笔者对于此后的每一个项目依然会制定5级目标，给记忆者提供努力的方向：

1级目标：原始分160分

2级目标：原始分240分

3级目标：原始分320分

4级目标：原始分440分

5级目标：原始分520分

依照当前选手的平均水平，只要经过训练，达到1级目标可以说是非常轻松的事情。2级目标可以说是当前冲击"世界记忆大师"称号的选手的平均水平，只要依据笔者前面所述的记忆方法，并进行合理的训练，一步步地提高，从160个提高到200个、220个、240个都不是什么困难的事情。

达到3级目标几乎可以稳定在城市级的比赛中获得前三名，达到4级目标则能够得到在全国级的比赛中获得前三名的机会。而想要达到这样的水平，除了找到合适的方法和坚持训练之外，还需要一样东西，就是心中有追求。有些记忆者，他们热爱记忆运动，也努力训练达到了IMM的水平，但是他们无意将自己的水平提升到更高的层次，因为比赛只是生活的一部分，他们更愿意将继续提高水平所需要的时间成本投入其他他们认为更有意义的事情上，而非追求更高的成绩和世界排名。我们必须要尊重每个人的想法，但是倘若你想要在竞技记忆这条路上走得更远，就必须有不断突破自己的野心，这份动机将提供强大的力量，促使记忆者不断提高。达到3级和4级目标不需要什么异于常人的记忆天赋，只需要记忆者的信心和坚持，相信并渴望自己可以做到。

至于5级目标，则需要记忆者更加刻苦地用合适的方法进行训练，或是具有超乎常人的天赋，二者需要占其一。倘若同时具备这两样，所呈现出来的成绩，将远超人们的想象。

需要注意的是，笔者上述的5级目标，仅代表过去的水平。如今的记忆技术不断提高，世界纪录不断地被打破，人们对于记忆极限的认知也被不断刷新。过去的世界记忆冠军曾认为，人类将无法做到在30秒内记忆一副扑克牌，而如今，仅官网上的记载，在30秒内记忆成功一副扑克牌的人数就多达98位，甚至在20秒内完成记忆的也有12位之多。因此过去的标准仅代表过去，记忆的极限还等待着诸位读者去追寻。

常见问题

比赛的时候，找不到平时的状态，记不完预期的记忆量是怎么回事？

答：比赛经验较少的选手可能会由于紧张或是缺乏赛前训练等问题，在记忆开始之后，一时间无法进入状态，或是在记忆中途卡顿，整一轮记忆都浑浑噩噩。想要避免这一点，除了平时要通过练习掌握节奏之外，在比赛开始前的一个晚上，和项目开始前的休息时间，选手应该进行一定量的联结训练和带桩联结训练，找到记忆节奏。

第五节　快速扑克牌

快速扑克牌又称5分钟扑克牌，要求选手在尽可能短的时间内记忆一副打乱顺序的扑克牌（52张），并使用另一副扑克牌，复原其顺序，记忆扑克牌的上限时间为5分钟。

每场比赛都有两次尝试机会，每次尝试使用的扑克牌将不是同一副。最终的比赛成绩只会选取其中成绩更高的一轮。因此，如何更好地利用这两次机会去博取更高的成绩，也是我们需要好好思考的问题。

比赛规则

表 3-5　比赛时间

时间	短时赛	中时赛	长时赛
记忆时间	5分钟	5分钟	5分钟
作答时间	5分钟	5分钟	5分钟
尝试轮次	2次	2次	2次

记忆规则：

①选手在比赛开始之前需要在扑克牌上粘贴有个人信息的标签并上交。在该项目开始前，裁判会将扑克牌返还给选手。选手按要求摆放记忆牌和复原牌，由裁判将记忆牌打乱。

②若选手能在5分钟的时间内记忆一整副扑克牌，需要执行以下操作：

a. 需要准备精度达到0.01秒或以上的魔方计时器。

b. 裁判需要对魔方计时器进行检查，确认是否清零，是否使用计时器存档。

c. 裁判要监督选手使用计时器的整个过程。

③在该项目进行的任意阶段，手机等智能设备将不被允许使用。

④在记忆开始前的最后10秒，选手可以将扑克牌握在手中，且背面朝上。

⑤选手可以在5分钟内的任意时间开始记忆扑克牌，并在任意时间停止这一动作。

⑥扑克牌可以多次记忆，即在记忆完之后，只要不停止计时，就可以继续复习。但倘若记忆者将计时器停止运行之后，还继续观看扑克牌，则选手的记忆时间将无视计时器上所显示的时间，统一以5分钟论处。

⑦选手可以同时记忆超过一张扑克牌，即选手可以采用双推和三推等手法。

⑧扑克牌必须始终出现在桌面上，不可以置于桌面以下，防止个别选手偷换扑克牌。

⑨选手在记忆完毕之后，需要在原地静坐，等待裁判长宣布完："将记忆牌收好，拿出复原牌，开始复原"等指令后，才能执行上述动作。

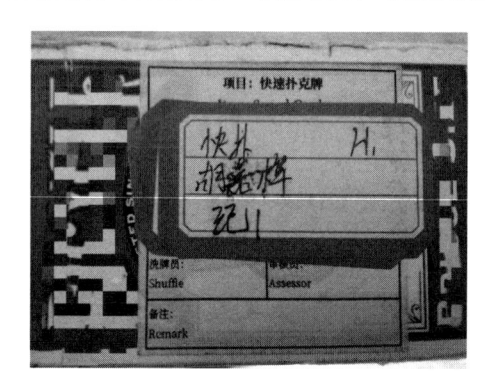

复原规则：

①选手拿出复原牌，该牌不需要打乱，可以按照选手喜欢的任意顺序排列（通常默认按照花色和数字由小到大的顺序排列）。选手需要在规定时间内重新调整其顺序，使其排列顺序与记忆牌相同。

②扑克牌的标签上必须标明是记忆牌还是复原牌。

③选手将扑克牌复原后，必须将其与记忆牌共同放在桌子上。

核对规则：

①裁判和选手各自手持一副扑克牌，并从上往下（或从下往上）依次进行展示，裁判需要核对同时展示出的扑克牌是否一致，当出现第一处错误时，结束核对。只有错误牌出现之前打出的扑克牌会被记为有效。如选手将第3张牌与第4张牌的位置放反了，即使其他的扑克牌顺序都是正确的，选手的有效成绩也仅为2张。

②选手正确复原的扑克牌张数倘若少于52张，则选手的记忆用时均以5分钟计算。

③在确认记忆时间和正确张数之后，选手所得到的项目分将会按照以下公式计算：$1000 \times 基准时间^{0.75} \div 原始时间^{0.75}$（全部正确）；$正确张数 \div 52 \times 1000 \times 基准时间^{0.75} \div 300^{0.75}$（未全部正确）。

④在每一轮比赛之前，选手将会得到一张快速扑克牌的计分纸，当该轮比赛结束后，在确认自己的成绩无误的前提下，选手需要在计分纸上签名确认。

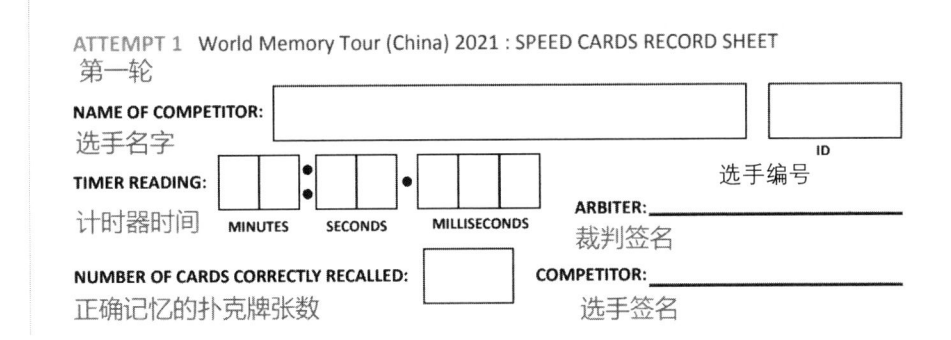

ATTEMPT 1　World Memory Tour (China) 2021 : SPEED CARDS RECORD SHEET
第一轮
NAME OF COMPETITOR:
选手名字
　　　　　　　　　　　　　　　　　　　　　　　　ID
TIMER READING:　　　　　　　　　　　　　　　　　选手编号
计时器时间　MINUTES　SECONDS　MILLISECONDS
　　　　　　　　　　　　　　　　　　ARBITER:
　　　　　　　　　　　　　　　　　　裁判签名
NUMBER OF CARDS CORRECTLY RECALLED:
正确记忆的扑克牌张数　　　　　　　　COMPETITOR:
　　　　　　　　　　　　　　　　　　选手签名

记忆策略

我们已经在先前的章节中详细地讲述过了扑克牌的记忆方法，此处我们将重点讲述和比赛相关的一些策略。

快速扑克牌项目的记忆轮次是两轮，因此我们同样要使用保稳和高速的策略，正如我们应对快速数字项目一样，此处不再赘述。

快速扑克牌和其他项目最大的不同在于，这是一个固定记忆量比拼速度的项目，它给予记忆者的心理压力更大，因此我们在记忆正式开始之前，一定要通过带桩联结将自己的状态调整到最佳。

快速扑克牌是一个可以多次复看的项目，选手在记忆完成之后，倘若明显觉得记忆的过程中有没记好的地方，一定要控制自己拍停计时器的冲动，宁可牺牲这一轮的记忆时间，也要确保自己获得成绩。根据G.A.M.A.官网的记录，当前快速扑克牌的基准时间是16.08秒，据此进行换算，假设使用5分钟整的时间完整地记忆一副扑克牌，所获得的项目分为111分，倘若未能完全正确，获得的积分将更少。要知道获得"世界记忆大师"称号需要3000分，平均到每个项目，一个项目至少要获得300分，111分绝对算是一个相当拖后腿的成绩了。

有些选手宁可快速记完然后失败，也不接受低分成绩，这样的做法很有骨气，但是很不理智。笔者认为，只有在第一遍记完时，清楚自己是有概率全对的情况下，才可以去拍停计时器。明知自己没有一次全对的希望，却为了加快速度不顾正确率，相当于放弃了这一轮，将会给第二轮留下更大的压力。

在平时的训练中，笔者非常不建议记忆者练习两遍，因为如果对第二遍产生依赖性，就更难锻炼出一遍记住的能力，但是在比赛的过程中，为了保证成绩，我们需要去做一切能提高成功概率的事情。

选手可以选择5分钟内的任意时间开始记忆扑克牌，除非记忆水平刚好处于5分钟左右，只能一开始就记忆，大多数情况下，我们是可以根据自己的习惯选择任意开始的时间的。

笔者习惯于在正式比赛开始前一分钟，回忆每一个将被使用的地点，同时调动自己的记忆状态，在裁判宣布记忆开始的同时，或是开始后的几秒钟，就开始记忆。这样记完之后，我将会有充裕的时间在脑海里回顾和复习，对自己的记忆结果有个整体的认知。在回顾完所有地点之后，甚至有时间在脑海中从"11"开始推理缺漏的编码。（准备时间的最后10秒钟，选手是可以触碰扑克牌的，但是不能将牌面翻转，使扑克牌正面朝上。）

有的选手喜欢在最后1分钟才开始记忆，因为有限的时间会给选手一定的压迫感，提高选手的专注度，且在记忆完之后，马上就能够进入复牌阶段，避免在等待的过程中出现遗忘。笔者自然更推荐较早进行记忆，但是其他的方法也有很多优点，读者可根据自己的习惯去做选择。

作答策略

从记忆结束到复牌开始的这段时间内,选手除了听取裁判的指令收好记忆牌、取出复原牌之外,还要在脑海中进行回忆。复牌的5分钟时间,其实并不宽裕,即使非常流畅、马不停蹄地进行复原,也需要将近2分钟的时间。一般来说,若是不紧不慢地复原,选手通常需要3~4分钟的时间,留给选手推理的时间并不多。倘若选手的提取能力较弱,且回忆的过程中频繁出现阻碍,5分钟的时间往往不足以完成复原。

因此,我们复原的过程中一定要紧凑,不要犹豫不决,先完成整体复原后再补充空缺的扑克牌。在复原完成之后,倘若复牌时间还没有结束,我们不要坐在原地默默等待,利用剩余的时间检查扑克牌是否有因为粗心而放置错误的情况。

训练方法

扑克牌的训练大致分为读牌、联结、带桩联结和记忆四类。先前的篇章中已经详尽地论述具体的训练过程,此处我们需要补充的是,快速扑克牌的记忆是一个较为消耗精力的项目,它相较其他的项目更注重一段时间内的全神贯注。笔者认为,一天进行1小时左右的快速扑克牌项目训练已经是非常充足的了,将时间拉长,记忆者易产生疲惫。倘若记忆者在记忆扑克牌的同时还能心存其他想法,说明他还有很大的提高空间。

我们要注意控制两轮扑克牌记忆训练的时间间隔,因为长时间的精神紧张很难使我们的大脑处于最佳的状态,在这种状态下,我们练习的更多是记忆扑克牌,而不是尽可能快地记忆扑克牌,这不利于我们寻找高速的节奏。初学者记忆速度较慢,每次从记忆到回忆所消耗的时间相对较长,无法一次性进行多次记忆练习。

我们在记忆训练结束,转向带桩联结训练的过程中,同样需要把握好每组练习的间隔,让自己不会陷入跟不上节奏的情况。

上文对于扑克牌记忆做了详细的教学,而扑克牌的复原同样需要注意。要顺利在5分钟内完成复原,同样是需要大量训练才可以做好的。记忆者最开始可以先适当延长自己的复原时间,在逐渐习惯复原之后,再将自己的复牌时间控制在5分钟内。

此处我们同样给出5级目标：

1级目标：90秒完全正确记忆一副扑克牌

2级目标：60秒完全正确记忆一副扑克牌

3级目标：40秒完全正确记忆一副扑克牌

4级目标：30秒完全正确记忆一副扑克牌

5级目标：20秒完全正确记忆一副扑克牌

1级和2级目标是初学者晋级的两个里程碑，达到1级目标代表着记忆者的扑克牌记忆已经初具水平；达到2级目标代表通过熟练记忆过程就可以不断提速的阶段即将结束，接下来记忆者需要开始精炼记忆过程才能进一步提升了；达到3级目标意味着记忆者达到了WMSC的"世界记忆大师"标准，这对于记忆者来说，是一个不简单的挑战，达到这一水平的记忆者的整体记忆水平也会提高到一定高度；达到4级记忆目标的选手已经可以尝试在全国大赛中争夺名次了。

其中，52秒记忆一副扑克牌和26秒记忆一副扑克牌是两个重要的里程碑，它们分别意味着记忆者可以在2秒钟/1秒钟的时间内，完成一个地点的完整记忆。这要求记忆者把每一个地点上的停留时间控制好，即对节奏有良好把握。

此外，当练习到30秒以内时，记忆者就需要具备一定的强记能力了。我们常会发现，使用那些一段时间没有使用过的地点，要比那些每日使用的地点记忆效果更好。即使有些联结没有被处理好，我们还是能知道这个方位上应该放置什么样的编码，有时即使无法直接回忆起来，但是在看到牌的瞬间，就能够激起与此相关的回忆。为了更好地利用这份图像感，我们通常会延长地点的使用间隔，每组地点在使用完之后，间隔两三天才再次使用，特别是在比赛之前，往往会停用5~7天。

训练心得

快扑18秒的记忆心得

记得2015年的时候，我曾经网上分享了一篇文章，讲述快速扑克是如何练到20秒内的。现在回想起来，想要一篇文章教会别人从起步阶段将快扑（即快速扑克牌项目）提到20秒内，实在是不太现实。尤其是在自己亲自带了一些学生之后，我越发觉得快扑相当难教，每个人往往会因为个人的特殊性遇到各种各样的问题，而这些问题有的我完全没有经历过，甚至没有听说过，也有的因为我已经不在那个阶段比较久，已经不太记得了。因此，虽然我很想重新写一篇文章，详细地讲解初学者如何从起步阶段一路练上来，但无奈我见识尚浅、教学能力不精，只好就此作罢，改为写一些现阶段自己的训练感想，供有需要的记忆者参考。但读者切莫认为我写的内容就一定是对的，和我使用截然相反的方法就是错的。每个选手有了一定的沉淀，确立了自己的记忆模式之后，让他人照搬自己的记忆方式，几乎是不可能的。每个人的记忆方式即使接近，但其实都并不相同，刻意模仿，不仅无法学会，而且会让选手们怀疑自己现在选择的记忆方法是否正确，信心产生动摇。其实条条大路通罗马，只要基本原理没有错，很难说哪一种方法是对的，哪一种是错的。因此这篇文章，并不是快扑的教学文章，只是我的记忆感受分享，或许多少有些可以值得借鉴的地方。

要讲快扑，就不得不提我的记忆模式。与传统的记忆方式略有不同，我的编码并没有固定动作，我也从来没有练习过1万联结，相对而言较为灵活，往往两个编码会根据所处的地点不同，而发生不一样的联系，以此来适应地点，例如：编码筷子和鸡翅，放在桌子这个地点上的时候，我会想到筷子夹起桌子上的鸡翅来吃；如果地点是门，则是筷子夹着鸡翅撬门。有的人不禁会问：这样记的话，速度难道不会比较慢吗？以前我一直不认为这样记忆会比较慢，认为经过足够的训练之后，每次记忆的内容来来回回都是这些组合，已经熟悉得差不多了，而且这个模式虽然听起来较为复杂，但我在记忆的时候其实感觉相当流畅，也可以17秒就记完一副牌。但是如今我发现实际上还是会比较慢一些，如果我想要更上一层楼，必须去省略一些步骤了，可即使如此，我还是很想推荐这样的一种记忆方式。

在大家的普遍认知里，快扑想要全对并不容易，多数选手对自己的快扑一遍能力实际上都信心不足，感觉需要记忆两遍才较为有把握。这是因为我们的地点大多时候都只是一个舞台，它是不参与编码之间的作用的。回忆的时候，唯一给我们提供线索的，却只有我们并不怎么联系上的地点而已。在其他项目中，我们可以将每个地点看得很清楚，似乎并不影响我们的记忆，可当我们开始飘桩的时候，图像感这个唯一的线索也变得模糊了，我们很难再通过图像去检索每个地点对应的两个编码是什么了。这也是为什么网上很多人声称自己可以十几秒记忆一副扑克牌，但是比赛中却往往无法成功的原因。与其说是能记住一整副扑克牌，倒不如说是能在十几秒内将一整副扑克牌出图、放地点，这两者并不一定能画等号的。如果出图、放地点就能记住，那记忆可就太轻松了。或许在状态好的时候，确实是可以成功复原，但是这种不稳定的发挥，其实并不能代表自身的实力确实已经达到某一个水平。

因此，寻找一个出图、放地点之外的点，使我们可以顺利记住扑克牌、稳定发挥，就是每个选手所追求的事情。每一个有一定沉淀的选手，都会渐渐总结出自己的处理方式，而这些方式各不相同。而我选择的，就是灵活处理编码和地点的关系，让编码和地点形成一个整体，这样就不容易遗忘了。

说到飘桩，就不得不提节奏感了。节奏感是一个相当重要的东西，只有找到一个不紧不慢、稳扎稳打的速度去记忆，才可以在确保准确率不出现问题的情况下，尽可能快速地记忆成功。很多人问我，我私底下快扑可以到多少秒，觉得我官网都有18秒，私底下应该要快很多才对，可实际上，当时我私底下最好的成绩也差不多这个时间而已，但这并不是因为我运气好，正好发挥出自己最高的水平，而是因为我从来没有尝试去寻找自己的极限在哪里，每次记忆都是不紧不慢，这使我很适应这种节奏，甚至记忆完毕之后不需要看计时器，我也可以知道自己花了多少时间。比赛的时候放松心态，像平时一样去记，这种能力也是需要沉淀的，它源于平时练习一直可以全对所积累出来的自信。倘若一个选手平时可以18秒记忆一副扑克牌，但是他每次都正确48张左右，我们可以认可他实际上具备了18秒记忆扑克牌的这种能力，甚至他自己也相信自己具备这种能力，但是在正式比赛的时候，这种每次错两张的经验，所给他带来的恐惧将会无限放大，使他不自信，不知是否应该用这个节奏进行记忆。这并不是一个好现象。

我的快扑地点很少，准确来说，只有两组地点可以做到用比较快的速度进行记忆，因此我的实际练习量很少。为了保证每一组地点的记忆质量，都会清空至少3天才再次使用。虽然有时觉得不需要这么久，自己也忘得差不多了，但是其实在潜意识里，我们还是会在地点上留下一丝印记，这些印记往往就是犹豫不决时最大的干扰项。在我冲击20秒的时候，做得比较多的，应该是带桩联结以及空桩联结。见过我联结的人都很奇怪，为什么我联结速度感觉没有很快，很多记忆速度比我慢的选手，联结都比我快。这是因为我每次联结，不管是否带桩，都是按着记忆的感觉和节奏去走的，因此用时上和正式记忆其实并没有太大差别。新选手往往会被那些12

秒联结一副牌的选手吓到，可是实际上，大多联结这么快的选手，所做的联结都是飘桩，那种练习除了帮助我们熟悉扑克牌反应之外，并没有对记忆这个环节有什么太大帮助。在飘桩的时候，我们往往会心不在焉，和正式记忆根本不是一回事，所以我并不推荐那样的练习方式。

讲了这么多，我终于写到大家最为关注的部分：进行记忆的时候，我的脑子里到底在想什么，浮现什么样的图像呢？

我的编码都被简化到了颜色单一，形状简单的程度，可是到了现在这个阶段，其实这些反而不重要了，我甚至不确定这能否被称为图像，我能感受到地点上存在着这样的一个东西，它是以视觉的形式出现的，但我没有办法讲出它的颜色，只能感受到它的存在，也就是说，这是一个有轮廓，但是形状不完全清晰，而且没有颜色的物品。此外，它不是一个二维的画面，而是一个真实的实物，存在于那片空间之中。我能感受到，它就在那里。我的地点也是处于一种类似的状态，颜色与细节模糊了，保留的是强烈的空间感，甚至可以完全凭借方位来进行区分不同的地点。此时，画质已经不再是记得住的关键了，感觉和逻辑更为重要，所以即使画质到了难以辨认的地步，也不会阻碍记忆。假设我们以前记忆一副牌需要2分钟，那么从我们第一次看到第一个地点，到记忆完毕开始在脑中回忆第一个地点，中间间隔了2分钟。换句话说，我们记忆的质量需要比较好，才可以让信息在我们脑中保持2分钟之久。随着我们逐渐进步，用时减短，我们所需要维持的记忆质量也可以相应降低一些，因此这种画质不高的想象，已经足以支撑记忆质量了。

在记忆的时候，我是先出地点，看到第一张牌的瞬间出第一个编码，看到第二张牌的瞬间，出第二个编码，想到与地点组合的方式，接着便离开这个地点。虽是这么说，但是到了记忆时间只有20秒时，几乎可以说是两张编码同时出现，并且立刻与地点进行结合。这些画面的组成，可以说是一气呵成的。大脑里面，除了去想象那很难描述的画面外，还会去想象它们的逻辑联系。但是这种逻辑，是没有时间在脑海里面，转化为文字默念一遍的，更多的只是一个念头。就如我们口渴想要喝水的时候，看着眼前的杯子，并不会在脑海中，重复我要拿起杯子来喝水这句话，只是闪过这样一个念头而已。

下面讲一下推牌，我是从24秒开始由单推改成双推的。其实之前我也尝试改过一次，但是相当不习惯，因为我单推的时候手是不需要停的，一张接一张地推过去，但是改成双推的时候，还没办法适应这样的速度，两张牌一起推过来，总需要想一想才可以继续往后，节奏相当不顺畅，可是当我扎扎实实地将记忆时间缩短到24秒之后，我只做了少量的尝试就适应双推了。在推牌的时候，手是不停的，一组的两张牌从出现到消失的时间，正好足够我完整记忆，由脑控制手，记忆速度决定手的速度，而非反过来让脑速跟上手速。使用双推之后，记忆的整体水平会立刻得到提升。

最后还想分享一些回忆和复牌的心得。我的最后四张牌一般都是抢记的，也就是先默念编码，拍停计时器，再进行记忆。虽然我已经可以完全消声，但还是忍不住进行默念，感觉这样会稳一点。一般倒数第三个地点会记不牢，所以我会回忆一下最后面的几个地点，再从头开始回忆，遇到想不起来的地方，会尝试想一些线索，若实在想不起来，也会直接跳过，先完全回忆一遍再说。这个时候，有些刚才一下子想不起来的地点，也会逐渐回忆起来。一些轮廓和动作，会帮助我在不是很记得的时候，推导出正确答案，但是有的时候，相似的动作和轮廓也会造成阻碍。复牌的时候先一路复原下去，把能立刻想起来的牌先复原好，如果在哪里出现遗忘，就放下手中这部分牌，从下一个可以回忆起来的地方重新收集一沓牌，这样可以比较清楚知道自己在什么地方出现遗漏，减少推理时的工作量。

以上就是我所能想到的关于快扑记忆的心得体会，肯定不适合所有的选手，仅代表对自己练习的一些总结。

第六节　随机词汇

随机词汇项目要求记忆者在规定时间内，尽可能记住更多的词汇，并在作答卷上进行默写。由于随机词汇同样没有出题范围，因此记忆者同样只能随机应变，无法提前制作编码。

比赛规则

表 3-6 比赛时间

时间	短时赛	中时赛	长时赛
记忆时间	5 分钟	15 分钟	15 分钟
作答时间	15 分钟	40 分钟	40 分钟

记忆卷样卷：

GAMA Online
Random Words - Memorization

1 塑料	21 火炉	41 医生	61 爬行	81 测试
2 继承人	22 步行	42 漏斗	62 和平	82 十字架
3 迷宫	23 打破	43 井盖门	63 表格	83 植物
4 须	24 双桅船	44 门把手	64 三叉戟	84 狮子
5 暖流	25 机会	45 中士	65 棒糖	85 合计
6 智者	26 厕所	46 银行	66 外部	86 花粉
7 青铜	27 关系	47 机会	67 食蚁兽	87 算盘
8 热情	28 能力	48 大腿	68 战舰	88 通话
9 学徒	29 升起	49 小木屋	69 香烟	89 太妃糖
10 雄火鸡	30 蘑菇	50 骗子	70 理论	90 思想家
11 内陆	31 题写	51 毒蛇	71 凤头鹦鹉	91 谋杀
12 政府	32 干衣机	52 镇	72 艺术家	92 气体
13 手柄	33 翻新	53 语言	73 选举	93 盘
14 皮箱	34 外观	54 考试	74 虹膜	94 头发
15 窗口	35 巫师	55 包子	75 线圈	95 雀斑
16 枫树	36 耳环	56 打火机	76 线	96 遇见
17 猎人帽	37 韭葱	57 水龙卷	77 尖塔	97 缎
18 地堡	38 牛轧糖	58 军械库	78 口香糖	98 追赶
19 体育馆	39 代理	59 决定	79 口袋	99 信件
20 自	40 被提名人	60 钻头	80 运动员	100 监督

Page 1 of 2

记忆规则：

①每一页的记忆卷共有5列，每列共有20个常见的词汇，故一页共计有100个随

机词汇。其中大约有80%的具体名词，10%的抽象名词和10%的动词。

②所有的词语都是选自由国际认可的词典，符合大多数青少年、儿童和绝大多数成年人的认知水平。

③存在争议用法的词汇，如："图像"和"图象"等将不会被选取到题库中。此外，敏感词也同样不会被选用。

④记忆卷的词汇数量为世界纪录的120%。

⑤记忆卷的每一列都是独立的，选手必须从每一列的第一个词汇开始，从上往下记忆。

⑥选手可以选择任意一列进行记忆（不需要一定从第一列开始往后记忆）。

答卷模板：

GAMA **Online**
Random Words - Recall

1	21	41	61	81
2	22	42	62	82
3	23	43	63	83
4	24	44	64	84
5	25	45	65	85
6	26	46	66	86
7	27	47	67	87
8	28	48	68	88
9	29	49	69	89
10	30	50	70	90
11	31	51	71	91
12	32	52	72	92
13	33	53	73	93
14	34	54	74	94
15	35	55	75	95
16	36	56	76	96
17	37	57	77	97
18	38	58	78	98
19	39	59	79	99
20	40	60	80	100

作答规则：

①选手在作答的过程中，要尽可能地确保字迹清晰，避免裁判由于辨识困难而出现误判。

②使用简体中文试卷的选手，不可使用繁体中文或拼音进行作答。

计分规则：

①若一整列的作答完全正确，则该列将获得20分的原始分。

②选择英语卷的选手可以使用大写或者小写字母进行作答。

③若一列词汇中出现一处错误或是一处空缺，则该列获得10分的原始分。

④若一列词汇中出现两处及以上的错误或空缺，则该列获得0分的原始分。

⑤若该列完全没有作答，则该列获得0分的原始分。

⑥在有效作答的最后一列，倘若没有完全作答全部词汇（记忆者从上往下进行作答时，没有写到第20个词汇视为未完全作答，该列余下未作答的词汇视为还未记到。倘若作答了第20个词汇，即使其他词汇全部空缺，亦视为完全作答，空缺的词汇视为被遗忘），且作答的词汇全部正确，则正确的词汇个数为该列获得的原始分。

⑦在有效作答的最后一列，倘若没有完全作答全部词汇，且作答的部分中出现了一处错误或空缺，则该列获得的原始分为正确作答个数的一半，若作答个数为奇数，则原始分在除以2以后，四舍五入取整。

⑧在有效作答的最后一列，若出现两处及以上的错误或空缺，则该列获得0分的原始分。

⑨若在该列的作答中出现了错别字，则出现错别字的词汇将不会得到分数，但不需要将原始分减半。如我在一列的20个词汇作答中，有两个词汇出现了错别字，其余词汇完全正确，那该行将得到18分的原始分，即每出现一个包含错别字的词汇（即使一个词汇中出现多个错别字），将扣1分。

⑩假设某一列中同时出现了一处错误和一处错别字，则需要将原始分减半之后，再扣除错别字的得分。例如该行完整作答了20个词汇，则该行将得到9分（20÷2-1=9）。

记忆策略

随机词汇项目最基础的记忆方式与数字记忆无异，即将每两个词汇出图后放在地点上（有些记忆者选择将4个词汇或5个词汇放在一个地点上）。如在餐厅的沙发上记忆"塑料"和"继承人"这两个词语，我们可以想象沙发上有一个很大的塑料瓶，瓶子里面有一个穿着豪华服饰的年轻人。

在数字记忆项目中，我们只要能想起地点上的图像就知道应该作答什么信息，但在随机词汇项目里，如何将词汇转化为图像，再将图像转化为词汇则较为复杂。例如，我们先前在记忆"塑料"这个词汇时，使用了"塑料瓶"的图像，那在作答的时候，如何确保写的答案是"塑料"而不是"塑料瓶"呢？

无法将图像转化为原先记忆的词汇一直是困扰很多记忆者的大难题。记忆的时候，记忆了"房屋""豹""高数"等词汇，结果在作答的过程中，写成了"屋子""豹子""树木"等答案，即出现同义词、增减字、近音词、忘记原词等错误的情况，几乎伴随着记忆者的每一次词汇记忆。根据计分规则，这样的错误会被扣除10分的原始分。相同时间内数字记忆的记忆量要比词汇的记忆量多上许多，因此数字记忆即使被扣除了20分的原始分，折合成项目分也无伤大雅，但是词汇记忆被扣除了10分原始分，折合成项目分也会有不小的损失。因此，随机词汇的规则可以说是相当严苛的。

高错误率加上严苛的计分规则使得随机词汇成为中国选手的梦魇。许多综合成绩相当不错的选手在这一项目都遭遇了滑铁卢，很多记忆速度相当快的选手最终得到的成绩比初学者还要低上不少。因此，这个项目又被称为最难预料排名的项目。

话虽如此，读者也不必过于畏惧这个项目，笔者上述的话语是希望大家可以正视这个项目，并非要打击读者的自信心。只要训练得当，选手们同样可以取得非常不错的成绩，甚至在这一项目上超越赛场上综合实力最强的选手。

接下来，我们就正式开始学习随机词汇项目的记忆方法。本篇章的教学，笔者大量引用了随机词汇项目的中国冠军李杨选手的训练心得，为记忆者提供更好的训练资讯。

随机词汇项目最为核心的要素是对词汇的处理，根据记忆规则我们可以知道词语分为具体名词、抽象名词和动词，按照一个地点放置两个词汇的规则，这三种词汇两两结合共有9种不同的呈现方式，而这9种处理方式也存在较大差异，接下来我们将对它们分开进行讨论。

（一）具体名词&具体名词

这种组合应该是所有情况中与数字记忆最为相似，即最为简单的一种组合。记忆者只需要按照自己的思路将"枫树""地堡""手柄"等词汇想象成对应的图像，并将其与地点进行互动即可。出现什么形状的枫树没有特定的要求，记忆者可参考记忆数字时所练习的一系列原则，一切从简即可。

（二）具体名词&抽象名词

这种组合较上一种组合需要记忆者发挥更多的想象力，并且还要引入数字记忆项目中所不赞成使用的造句概念。例如：使用桌子这一地点记忆"青铜"和"热情"这一组词汇时，我们可以想象一个人形青铜雕塑在桌子上热情地跳舞，并在心里默读这句话，从而避免自己记成"青铜""跳舞"。

默读是随机词汇项目中非常重要的技巧，它是确保我们所记忆的图像可以转化为原先词汇的关键。换言之，我们将不使用任何特殊的记忆技巧去完成词汇和图像的对应，而是通过我们与生俱来的记忆力，硬生生记住它们之间的转化关系。为了提高硬记的效果，我们必须时刻保持注意力的集中，留意记忆卷上每一个词汇到底是什么，每一个字是如何书写的，每一个词汇由几个字构成。

至于如何造出尽可能简单的句子，减少不必要的记忆量，同样与数字记忆中所提到的规则相同，需要不断简化故事的剧情，只保留最为核心的部分。例如：我们在使用桌子这个地点记忆"香烟"和"理论"这两个词汇时，只需要在桌子上放置一支香烟，并在心里面默读"香烟理论上是有害的"这句话即可。

（三）具体名词&动词

具体名词和动词的组合可以说是另外一组较为容易的组合了。如我们使用桌子这个地点记忆"火炉"和"步行"这两个词汇时，只需要想象火炉步行到桌子上，并默念这一句子即可。

对于与具体名词契合程度较低的动词，我们可以在记忆中引入"我"的概念，即在词汇与地点的互动中，增加一个主体，这一方法在接下来讲解的多种组合中都将使用到。如我们使用桌子这个地点记忆"信件"和"监督"这两个词汇时，可以想象"我"将信件放在桌子上,告知你,我将监督你的一举一动。将记忆者自己引入记忆中。

(四)抽象名词&具体名词

关于抽象名词与具体名词的组合,我们同样需要分两种情况讨论。第一种是两个词汇契合度较高时,我们可以采用抽象名词去形容具体名词。如我们使用桌子这个地点记忆"热情"和"青铜"这两个词汇时,可以想象桌子上有一个人形的青铜雕塑,并默念:桌子上有一具热情的青铜雕塑。一定有读者会问,这样记忆的话不是无法区分"热情青铜"和"青铜热情"了吗?答案是否定的。我们可以使用一些细节处理来区分这一点。即在"青铜热情"这类具体名词在前、抽象名词在后的组合后,加入一个动作,而在抽象名词在前、具体名词在后的组合后,则不加入动作。如在上述的例子中,我们便加入了青铜雕塑跳舞的细节。

倘若抽象名词和具体名词的契合度不高,我们则需要在记忆中加入"我"的概念。如使用桌子这个地点记忆"机会"和"大腿"这两个词汇时,可以想象我找准机会把大腿放在桌子上的图像,并默念这一句子从而完成记忆。

(五)抽象名词&抽象名词

由于抽象名词与动词在记忆卷中所占的比重比较小,连续出现两个抽象名词的概率并不高,但是为了有备无患,我们还是需要学习如何应对这一组合。与上述的状况相同,我们同样需要引入"我"的概念,将两个抽象名词串联起来。如我们使用桌子这个地点记忆"坚定"和"热情"这两个词汇时,可想象"我"一掌拍在桌子上做出坚定的决定:要热情地面对世界。在这样的抽象名词组合中,硬记词汇显得非常重要,需要将注意力高度集中,否则在回忆这组地点时,只能想起一个人一巴掌拍在桌子上,而两个词汇都完全无法回忆起来。

(六)抽象名词&动词

抽象名词和动词的组合在记忆卷中出现的概率同样很小,但仍然需要分两种情况进行讨论。当抽象名词与动词的契合度高时,可以将其看成一个整体与"我"共同和地点互动。如使用桌子这个地点记忆"愤怒"和"拍打"这两个词汇时,可以想象"我"愤怒地拍打桌子的画面,并默念这一句子。倘若抽象名词与动词的契合度较低,则可以将其分别与"我"联系起来。如使用桌子这个地点记忆"热情"和

"遇见"这两个词汇时,可以想象"我"的热情遇见桌子就消散了(因为桌子勾起我不好的回忆)。

(七)动词&具体名词

在动词和具体名词的组合中,需要给动词一个主体,使这一个主体通过施行词汇的动作对具体名词做出动作,毫无疑问,最好的主体就是"我"。如使用桌子这个地点记忆"升起"和"蘑菇"这两个词汇时,可以想象"我"将蘑菇从桌子上缓缓举起,即蘑菇从桌面上升了起来。同样需要通过默读确保自己记忆的词汇是"升起"而不是"举起"。

(八)动词&抽象名词

在这一组合中,需要先判断动词与抽象名词能否直接组合。如使用桌子这个地点记忆"翻新"和"外观"这两个词汇时,我们可以想象"我"翻新了桌子的外观,此时只需要在脑海中想象一张亮晶晶的桌子即可。倘若这两个词汇无法进行直接组合,则需要引入"我"的概念,灵活处理。如使用桌子这个地点记忆"拍打"和"理念"这两个词汇时,我们可以想象"我"拍打胸口,保证履行自己的理念。

(九)动词&动词

两个动词的组合在记忆的过程中罕见,我们同样需要给动作赋予实施的主体。在双动词的组合中,我们既可以通过"我"来实施两个动作,也可以给两个词汇各赋予一个主体,具体使用哪一种方式,则根据情况决定。如使用桌子这个地点记忆"遇见"和"发誓"这两个词汇时,可以想象"我"遇见桌子很脏,发誓要把它打扫干净。如使用桌子这个地点记忆"遇见"和"拍打"这两个词汇时,可以想象"我"遇见别人在拍打桌子。

以上就是不同词汇相遇的9种组合类型,如何在每一个具体情况中进行使用,还需要记忆者具体情况具体分析。虽然按照规则,我们所遇见的词汇都是平时所常见的认知范围内的知识,但是在训练和比赛的过程中,难免还是有可能遇到没有见过的词汇。此时我们可以根据自己的认知猜测该词的意思,并使用猜测的意思进行记忆,即使猜测的意思与词汇在现实生活中真正的含义不同,也不打紧。同理,我们在遇到不会读的字时,也可猜测该字的读音,并进行默读。此外,在遇到我们不会书写的陌生汉字时,我们要认真观察它的结构,确保自己在作答时能够正确书写。正是由于我们遇到难写的字会特别注意,选手在比赛的过程中,无法书写的多为非常简单、常见的汉字。

通常我们所记忆的词汇，都由两个汉字构成，但是也不排除三个字、四个字，甚至五个字的词汇。在开始记忆之前，我们可以快速浏览记忆卷，跳过明显记忆量较大的列数，只记忆字数正常的部分，但我们要注意，字数并不等于记忆难度。同时，我们需要记住是哪一列被跳过，避免作答的时候，不记得到底跳过了哪一列，而无法将答案填在正确的位置上。

在讲授完随机词汇的记忆方法之后，我们接下来要学习的是随机词汇的复习策略。由于随机词汇分为5分钟记忆和15分钟记忆两种比赛方式，而两种方式的复习策略并不相同，因此我们将分开进行介绍。

（一）5分钟记忆

当记忆时间为5分钟时，我们通常采用看两遍的方式进行记忆，即记忆一遍之后再复习一遍。我们通常将复习的节点设置在目标记忆量处。假设记忆者5分钟可以记忆六十多个词汇，则将目标记忆量定为60个，在记忆到第60个之后，再从头到尾复习1遍。倘若还剩余一些时间，则继续往后记忆。假设剩余的时间不足以记忆一列或半列，则这一列词汇不需要复习，尽可能地记忆更多的词汇即可。若记忆了一列或半列之后，还有剩余的时间，记忆者可根据自己的记忆稳定性决定是否对记忆的词汇进行复习。

此处我们选择的复习方法为复看，而不是回忆，并且还不能只是复习图像和默念的句子，还需要仔细观察记忆卷上的汉字。这是为了再次确认我们所记忆的词汇，避免出现写成同义词及提笔忘字的情况。

（二）15分钟记忆

当记忆时间为15分钟时，我们通常采用看3遍的方式进行记忆，即记忆一遍之后再复习两遍。复习的节点通常设置在5分钟的目标记忆量处。我们可以将15分钟的时间分为3段，每5分钟为一段。在前两段的时间中，我们分别完成一组目标记忆量的记忆，并进行一次复习。若记忆者5分钟的目标记忆量为60个词汇，则记忆者使用10分钟左右的时间，就可以完成120个词汇的记忆。在第三段5分钟的记忆时间中，记忆者先复习一次第一、二段记忆的词汇，倘若还剩余一些时间，再继续往后记忆。假设剩余的时间不足以记忆一列或半列，则这一列词汇不需要复习，尽可能地记忆更多的词汇即可。若记忆了一列或半列之后，还有剩余的时间，记忆者可根据自己的记忆稳定性决定是否对记忆的词汇进行复习。

作答策略

完成记忆之后，不需要急着作答，先在脑海中快速回忆最后阶段只记忆了一遍的词汇，然后在脑海中将记忆的所有词汇快速浏览一遍再进行作答。因为汉字书写较慢，随着时间的推移，脑海中所记忆的词汇难免会出现遗忘，因此在书写之前先行将词汇巩固一遍，有利于保证最终的作答完整性。

无论是5分钟项目的作答还是15分钟项目的作答，我们都需要先作答最后记忆的部分，再从头到尾进行作答。和其他项目一样，作答的过程中倘若出现遗忘或是不确定的答案，在做好标记之后就先行往后作答，等到第一轮作答完毕再进行回顾。

然而随机词汇项目的作答还存在着和其他项目不同的地方，即它是唯一一个存在判罚尺度问题的项目。什么样的字是错别字，什么样的字是错字，有些时候并不存在清晰的界限，而二者所带来的惩罚则截然不同，因此记忆者要尽可能地避免自己所书写的字被判定为错字。为此，我们需要引入"造字"的概念。

在作答的过程中，我们难免会遇到提笔忘字的情况，对这种情况，我们不要贸然在作答的格子中填入猜测的写法，而要在答卷背面的空白处，尝试写出脑中的汉字。倘若最终无法写出正确的写法，则我们可以凭借脑海中的印象，写出了一个明显不正确，但与正确写法相似的汉字。

假设记忆者忘记了"豌豆"的"豌"字如何书写，在答卷上写下了"碗"字，那它到底会被判为错别字，还是错字呢？答案是都有可能。理论上来说，它已经变成了另外一个字了，跟"豌"字无关，可它又与"碗"字十分相似。此时，我们到底可以得到10分还是19分的原始分完全在裁判的一念之间。或许综合水平较高的选手，出于慎重考虑，他的试卷会由多位裁判或更高阶的裁判进行判定，并最终放宽标准，但是对于位于平均水平的选手，一天要改无数份试卷的裁判说不定就从严判断，扣除了10分的原始分。有的读者说，我们是不是可以进行复查，申请将这个词判定为错别字呢？理论上确实存在这种可能，但是裁判在执行复查的时候，往往会采取更为严苛的判罚标准，特别是对可有可无的字迹问题，改判成功的可能性并不高。

而"造字"可以避免这种情况的发生。只要我们所书写的是字典中不存在的字符，它将无法被作为其他汉字看待，只要它与正确的汉字形状相似，就只能以错别字论处，如"豌"字，我们只记得它右边的部首是"宛"，但忘记了它的偏旁，则可以选择将它与舟字旁相结合，形成一个错误字符。

当然这个办法是下下之策，在完成试卷的第一轮作答，并检查所有词汇后，倘若距离交卷的最后期限还有一段时间，我们应当尽可能继续回忆，争取想起这个字的正确写法，直到最后时刻仍然想不起来，再使用这个方法。

训练方法

随机词汇项目的训练，分为记忆训练和联结训练两类。在初学阶段，我们可以进行20个词汇的记忆训练，记忆的用时并不是这一阶段关注的重点，我们要注意思考两个不同的词汇是如何联系在一起，并与地点发生互动的。可以在记忆结束之后将较为棘手的词汇挑选出来，使用它与更多的词汇进行搭配，以锻炼我们记忆词汇的思维。

在我们养成了这种思维之后，在非备赛期间，通常只要进行5分钟词汇训练即可，不需要进行15分钟的词汇记忆。若想要进行针对性训练，突破这一项目，则可以使用训练时面前的桌子作为地点，两两一组将词汇与桌子进行互动，提高记忆词汇的熟练度（这一方法在数字训练中也可使用）。

词汇项目并不是一个通过大量训练就能够得到显著提高的项目，因为它相较于数字记忆更加灵活，编码组合的可能性几乎是无限的，因此更为重要的是掌握词汇记忆的思维，而非执着于训练某一特定词汇的使用方式。

此处我们同样给出5级目标：

5分钟记忆项目：

1级目标：原始分40分

2级目标：原始分60分

3级目标：原始分80分

4级目标：原始分100分

5级目标：原始分120分

15分钟记忆项目：

1级目标：原始分100分

2级目标：原始分120分

3级目标：原始分160分

4级目标：原始分200分

5级目标：原始分250分

此处的1级目标看似简单，实际上在一些小规模的比赛中，达到这一目标的选手却足以取得很高的排名了。这并非由于5分钟记忆40个词汇或15分钟记忆100个词汇多么困难，恰恰相反，几乎所有认真训练的选手都可以轻松达到这个水平，但正如笔者前面所说，随机词汇的计分机制相当严苛，即使你能够记忆60个词汇，只要错误3处就连1级目标也无法达到了。

因此很多记忆者畏惧这个项目，在比赛中往往采取保守的战术，即使达到3级目标的水平在比赛中也只记忆2级目标的记忆量，确保自己不至于连1分的原始分都无法获得。

但当记忆者训练到了4级以上的目标时，他们往往已经掌握了把握正确率的诀窍，每一次记忆的成绩都能够维持在一定的范围内，这样的记忆者无论是在国家赛还是国际赛中，在这个项目上都具备了极强的竞争力。

常见问题

1. 在翻开记忆卷之前，我如何判断记忆卷文字是我选择的语言？

答：随机词汇、人名头像和虚拟历史事件项目的记忆卷背面，通常会印有说明文字，标注该份试卷所使用的文字，记忆者在比赛开始之前可以进行核对。

2. 我在作答的时候将"豹子"写成了"豹"，计分时是扣1分还是扣10分？

答：字数不同的情况都属于词汇作答错误，将扣除10分。

3. 我如何确定自己记忆的是"豹子"还是"豹"？

答：我们对方才记忆的词汇是存在印象的，倘若我们在记忆的时候足够留意，就能够判断出哪一个词汇是不久前出现过的，哪一个词汇是完全没有印象的。

第七节　虚拟历史事件

虚拟历史事件项目要求记忆者在5分钟的时间内，记住尽可能多的虚拟事件发生的年份，并在答卷对应的事件前方作答其发生的年份。

比赛规则

表 3-7　比赛时间

时间	短时赛	中时赛	长时赛
记忆时间	5 分钟	5 分钟	5 分钟
作答时间	15 分钟	15 分钟	15 分钟

记忆卷样卷：

GAMA Online
Fictional Dates - Memorization

Number	Year	Event
1	1104	可乐推出榴莲味
2	1180	法官收养孤儿
3	1770	所有手机应用程序免费
4	2034	生日蛋糕洛了
5	2075	肉贩卖卖水果
6	1080	天鹅被染黑
7	1263	精灵逃离监狱
8	1918	火星发现氧气
9	1470	手术室找到耳环
10	1941	金字塔被盗
11	2085	长者半价乘巴士
12	1784	帆船停在海中心
13	1376	海豚袭击邮轮
14	1166	学校停课
15	1168	足球在比赛中消失
16	1454	最大拼图完成
17	1920	火腿喂猫吃
18	1223	鸡不再生蛋
19	1855	机械人查案
20	1638	买剪刀送铅笔
21	1335	天然气变得昂贵
22	1348	咖啡加入咖喱味
23	1847	公司倒闭
24	1624	烧烤没有香肠
25	1939	律师公会解散
26	1341	杯子破裂
27	1697	河流不再有鱼
28	1419	会计师弄坏计算器
29	1496	酒吧欢迎小童
30	1581	3D打印相片
31	1492	珍珠变得可食用
32	1921	十月只有二十八日
33	1162	工厂塌到海底
34	1410	山上看不到日出
35	1625	发现新元素
36	1478	最长路轨建成
37	1293	大学生使用电子课本
38	1506	网络受干扰
39	1628	沙漠下雪
40	1428	蜘蛛咬了皇后

记忆规则：

①记忆卷的题目数量为世界纪录的120%。

②每页记忆卷共有40个事件。

③事件年份的选取区间为1000~2099年。

④所有事件的内容都是虚构的。

⑤相同的事件或相同的年份在一份记忆卷中将不会出现两次及以上。

⑥每个事件对应的年份将会呈现在这一事件的左边，每一行有一个历史事件，事件的顺序将会进行打乱，避免按照年份的数字顺序排列。

答卷模板：

Number	Year	Event
1		教授退休
2		重新设计车轮
3		马追逐骑师
4		饥饿的山羊吃掉玫瑰
5		在北极发现棚屋
6		前往冥王星的载人探测任务
7		公园发现企鹅
8		酒税增加
9		探险家回归
10		总统杀死保镖
11		游客做牛仔
12		枕头战成为奥运会正式比赛
13		肉价下跌
14		熊猫学会了游泳
15		狗穿睡衣
16		黑客攻陷旧保安
17		开设月亮殖民地
18		镜子裂开
19		内裤在外穿看成为时尚
20		猫呼叫救护车
21		名人肖像展出
22		椰奶搞定球迷
23		减肥者减去一半体重
24		老师检查微生物
25		新药治疗无聊
26		取消电视肥皂剧
27		在超市中放出羊
28		水源短缺
29		巫医跳析市舞
30		与卡通人物签署合同
31		在办公室里种植树木
32		盲人重见光明
33		美人鱼淹没
34		摇滚明星发誓保持沉默
35		飞机刷新飞行高度记录
36		五岁的儿子成为百万富翁
37		秃头狐狸戴假发
38		女神爱上凡人
39		老虎出没大学校园
40		狐狸有玩具狗

作答规则：

①每一页答卷会有40个虚拟事件。

②虚拟事件的内容与记忆卷完全一样，但是呈现的顺序将会被打乱（试卷的打乱是在整套卷子间进行的，记忆卷第一页的事件有可能会出现在答卷第二页）。

③选手要在答卷事件前方的空格内作答正确的年份。

计分规则：

①若空格内的4个数字都作答正确，该事件将获得1分的原始分。

②若该事件的年份作答错误，则该事件将会被扣除0.5分的原始分。

③每一个事件前方仅可以作答一个由4个数字构成的年份。

④不进行作答的事件获得0分的原始分。

⑤在将每一事件获得的得分相加之后，倘若不是整数，则需要四舍五入取整。

⑥在将每一事件获得的得分相加之后，倘若不是正数，则以0分计算。

记忆策略

虚拟历史事件项目和很多其他项目一样，没有固定的记忆方法，在记忆运动这些年的发展过程中，延伸出了多种不同的解法。而在众多的解法中，笔者认为对于两位数编码的使用者来说最为好用的，就是11地点法。这是该项目的世界纪录保持者Prateek Yadav所使用的方法，也是笔者在这个项目拿下5次中国冠军所依靠的方法。

11地点法，顾名思义就是使用11个地点进行记忆。根据上述的规则，我们知道在该项目中，年份的选择区间是1000~2099的四位数字。我们需要将一个年份，划分成两个两位数，即将千位和百位上的数字构成第一个两位数，将十位和个位上的数字构成第二个两位数，如"1023"就可以分为"10"和"23"两个部分。其中第一个两位数字的取值范围是10~20，共计有11种可能性，第二个两位数字的取值范围是00~99，共计有100种可能性。

要使用11地点法，需要事先在一个房间中寻找11个地点，将它们依次与数字的11种可能性相对应，即将第一个地点与数字"10"相对应，第二个地点与数字"11"相对应，以此类推，第十一个地点将与数字"20"相对应。

当我们使用11地点法记忆虚拟历史事件时，先根据年代开头的两个数字定位到对应的地点，然后对从虚拟事件中提取的关键词出图，与年代中的后两个数字形成的编码在地点上进行互动。

假设第七个地点是沙发，那我们在记忆"1770年，所有手机应用程序免费"这一事件时，可以从事件中提取关键词"手机"，并与"70"的编码麒麟在沙发这个地点上互动，想象麒麟在沙发上玩手机的画面，即可记住这一事件发生的时间。在作答时，只要看到事件中"手机"这个关键词，就可以回忆起"1770"这一年份了。

一定会有读者想问：只用11个地点去记忆如此多的事件，那每一个地点上岂不是要记忆不止一个事件，这样难道不会混淆吗？倘若要记忆者通过地点去回忆其中所存储的事件，那一定是无法顺利回忆起来的，因为每个地点上都存储了大量的事件。但是这一项目的作答方式是通过事件检索年份，因为每一个关键词只在这轮记忆中被使用一次，所以我们可以很轻易地回忆起这个关键词出现在哪一个地点上，紧接着回忆起跟它进行互动的编码，并不会出现混淆的情况。

在学习11地点法时，首先要做的就是选择11个地点。与其他项目所使用的地点不同，虚拟历史事件的这11个地点选择有其特殊的要求。我们需要在一个较小的场景中选择11个地点，如卧室、卫生间等。在这样的空间中，地点间的间隔较小，有助于我们快速在地点间进行切换。此外，这11个地点的分布要形成一个闭合的环形，尽可能在四个方向上均匀分布，避免出现在一条直线上地点过多的情况。11个地点的选择非常注重每个地点的属性与方位的差异。属性是指倘若选择了一张书桌作为地点，在这一组地点中就不要再选择桌子类型的地点了，方位上的差异是指尽可能避免将11个地点置于同一水平面上。在构建地点的篇章中，已讲述过这两个要点，但是在11地点的选择中，需要更加强调这一点。

在这一项目的记忆中，我们的注意力需要在地点间来回跳动，此时地点更多的只是作为呈现编码的平台，而不参与到编码的互动中，因此对地点的空间感有更强的依赖性，以此提高回忆的准确性。上述的地点选取规则，也正是为了强调这一点而制定的。

虚拟历史事件的记忆，共分为两个部分，在解决了年代部分的问题后，我们接下来要学习的就是事件关键词的提取。通常来说，我们在从左往右阅读这一事件的过程中，可以选取第一个出现的，有代表性的具体名词作为这一事件的关键词。

Number	Year	Event
1	1104	可乐推出榴莲味
2	1180	法官收养孤儿
3	1770	所有手机应用程序免费
4	2034	生日蛋糕溶了
5	2075	肉贩卖卖生果
6	1080	天鹅被染黑
7	1263	精灵逃离监狱
8	1918	火星发现氧气
9	1470	手术室找到耳环
10	1941	金字塔被盗

如上述的十个事件中，我们可分别选择"可乐""法官""手机""生日蛋糕""肉""天鹅""精灵""火星""耳环"和"金字塔"作为关键词。在第五个事件中，我们只要看到"肉"字，就足以生成图像进行记忆，因此后面的内容不再重要，可以选择忽略，哪怕这个事件原本是将"肉贩"作为一个整体，而不是两个单独的字。在第九个事件中，我们之所以选择耳环而不是手术室，是因为手术室虽然也是具体名词，但它是一个场景而不是一个物品，出图难度较大。当然，我们同样可以选择医生或者手术刀作为手术室生成的图像。

有的时候，我们会遇到一些没有合适的具体名词的情况，在这样的事件中，我们要想办法将一些其他的字眼转化为图像。例如：在"十月只有二十八天"这个例子中，我们可以将"十"转化为编码"10"，随即使用棒球棍的图像。在"1489年，维多利亚逃婚了"这个例子中，可以选择"婚"字进行出图，想象芭蕉（89）穿着婚纱的图像，甚至可以想象芭蕉穿着婚纱跑步的画面。在"汤玛士进行时间旅行"的例子中，可以选择"汤"字进行出图，想象一碗汤即可。

在选取关键词的过程中，我们难免会遇到少量关键词重复的情况，如前面已经使用过"汤"作为关键词，后面又发现包含"汤"这个字眼的事件。此时我们不需要惊慌，只需要从后面出现的这个包含"汤"这个字眼的事件中，选择其他的关键词进行出图，同时告诉自己"汤"这个字出现了两次，作答的时候要注意即可。

在我们阅读事件内容的时候，一定要注意将自己的视幅扩大，不要一个字、一个字地进行阅读，要从左往右一扫而过，这样有助于我们更快地找到关键词，缩短在每个历史事件中选择关键词的用时差距，更好地把握这个项目的记忆节奏，同时对整个事件留有一定印象。

在掌握了地点的应用和关键词的选择之后，就要对其进行整合了。对于该项目的记忆，我们同样要遵循从左往右阅读的原则，先定位到对应的地点上，再出现两位数编码的图像，再从事件中选择关键词出图与数字编码互动。

以上就是11地点法的全部内容了。在比赛中一共有5分钟的记忆时间，记忆者可将其全部用来记忆新的内容，而不需要进行复习。有些记忆者担心自己仅记忆一遍的正确率不高，因此选择记忆两遍。笔者不认同这种做法。更好的选择是找到一遍记不住的原因，并加以改进，相信自己的一遍记忆能力。

虽然虚拟历史事件项目存在作答错误需要扣分的规则，但是0.5分的惩罚并不严苛，且对于没有把握一定正确的行数可以选择不进行作答，因此记忆者可适当牺牲记忆正确率，以提高记忆速度，追求更高的分数。

作答策略

虚拟历史事件的作答同样需要先从头往后阅读，通过寻找事件中的关键词，判断我们是否记忆过这个事件，将年份依次写在事件前方的空格内即可。初学者在作答的时候，有时可能很久都没有找到一个记忆过的事件，这是由于事件打乱后的分布是随机的，我们只要一直向后寻找即可。当我们无法判断自己所记忆的年代是否正确时，可在格子外面作答自己认为有可能正确的年份，若确认自己记过这一事件但一时间无法回忆起正确答案，可以同样在格子前方进行标注，方便自己进行检查，等到第一轮作答结束之后，再回过头来处理。

在虚拟历史事件项目中，每个年份都只会出现一次，因此对于记忆模糊的年份，可以通过检查其他事件中是否出现过这一年份来辅助我们作答。由于我们不一定能记忆完所有的事件，因此在没有记忆过的事件中有可能存在和记忆过的事件相同的关键词，使记忆者无法判断应该将年份填入哪一个事件前方。为避免这种问题，正如前文提到的，我们在记忆时，要大致扫过整个事件，对其保留一定印象，并据此判断哪一个事件是我们所记忆过的了。倘若对两个事件都没有深刻的印象，我们可以选择在两个事件前方，都作答相同的年份。因为倘若选择不作答，将无法获得这一事件的原始分，选择其中一个事件进行作答，将有可能获得1分或-0.5分的原始分，但倘若选择都作答，将稳定获得0.5分的原始分。而0.5分根据四舍五入的规则，是有可能转化为1分的原始分的。当然，这样的作答方法过于保守，记忆者若对其中一个事件为正确答案的把握比较大，也可以选择只挑选一个事件作答，博取更高的得分。

在作答完成之后，若有时间剩余，我们可以从头到尾对答卷进行检查，避免书写错误的情况，并计算我们的作答个数，以预估这个项目的得分。

训练方法

虚拟历史事件的训练分为了三类，第一类是只练习年份处理，第二类是只练习关键词提取，第三类是记忆训练。第一类型的训练只需要关注年份的部分，将后两个数字形成的图像放入前两个数字对应的地点中。这个训练可以锻炼我们切换地点的能力，并且找到记忆的节奏，笔者在赛前也会采用这一方法，将自己调整到更好的状态。

第二类训练只需要关注事件的部分，提取其中的关键词出图，锻炼自己的提取速度。由于不同的虚拟历史事件记忆卷，有可能将同一个年份对应到不同的事件中，导致第二次记忆出现混淆，因此为了保证训练效果，这个项目的记忆训练一天最好不要超过一次。

有些记忆者一开始不能很好地在地点间切换，从而选择只记忆一个地点或两个地点的事件，避免地点切换的过程，如只记为"11××"的事件。在不经过训练的情况下，使用这种方法确实比使用所有地点上手更快，但是这样的方式所能记忆的事件量是有限的，不利于我们长远的发展。

此处我同样给出5级目标：

5分钟记忆项目：

1级目标：原始分40分

2级目标：原始分70分

3级目标：原始分90分

4级目标：原始分110分

5级目标：原始分130分

1级记忆目标是一个记忆者经过训练所应该达到的最基础的目标。由于该项目和人名头像一样并不被大多数选手重视，达到2级目标就可以在城市级别的比赛中，获得相当高的名次，达到3级或4级目标，就能在国家赛中具备很强的竞争力。若要达到5级目标，则需要在保证记忆速度的前提下，尽可能地提高记忆准确率。

第八节 听记数字

听记数字要求记忆并尽可能多地作答听到的数字。且每一轮作答结束之后都会有一定的时间间隔，裁判会在这个时间段批改此轮的答卷，并公示成绩（有时仅公布答案，让选手自行核对）。选手在下一轮比赛开始之前，都将得知自己该轮所获得的成绩。

比赛规则

表 3-8　比赛时间

时间	短时赛	中时赛	长时赛
记忆	第一轮 100 秒 第二轮 300 秒	第一轮 100 秒 第二轮 300 秒 第三轮 世界纪录的120%	第一轮 200 秒 第二轮 300 秒 第三轮 世界纪录的120%
作答	第一轮 5 分钟 第二轮 15 分钟	第一轮 5 分钟 第二轮 15 分钟 第三轮 20 分钟	第一轮 10 分钟 第二轮 15 分钟 第三轮 25 分钟

记忆规则：

①在正式播放试题之前，会有试调广播音量的环节，这个阶段所播放的内容不需要记忆。

②在正式播放试题之前，裁判会播放一段预备音，预备音结束之后，将直接播放比赛题目。

③裁判会操纵软件令广播以每秒一个的速度用英文随机播报数字，如4、8、8、3。

④记忆的全程将不允许使用书写工具。

⑤当选手到达他们的记忆极限，而音频的播放还未结束，选手需要在位置上静坐，回忆刚刚记忆的内容。

⑥如果有突发情况，导致比赛被迫暂停，当比赛再次开启时，将从中断位置向前数5个数字的位置开始继续播放试题。

作答规则：

①选手必须使用规定的做答卷进行作答。

②选手必须从第一个数字开始，连贯地向后作答。

计分规则：

①从第一个数字起，选手每正确作答一个数字，就会得到1分的原始分。

②当作答卷出现第一处错误开始，后面的数字将不会被计入得分。假设一个选手作答了127个数字，前面的42个数字均正确，但是在第43个数字时出现错误，则选手将获得42分的原始分。

③当比赛被迫中断后，选手需要先完全正确地作答已经播放的数字，接下来附加轮的作答才会生效。如在播放100位数字的第一轮比赛中，由于突发事件，比赛在播放到第47个数字时被迫停止，选手需要先行作答此轮的前47个数字。之后的附加轮会从第42个数字开始播放，直到播放完成100个数字为止，选手必须在此前的作答中，前41个数字全部正确，接下来所作答的才能生效。

④假设有选手恶意中断比赛，他将不被允许参与接下来的附加赛。

记忆策略

听记数字项目共分为两至三轮进行，我们可以在靠前的轮次中获得一个较为保守的分数，确保自己能够在这一轮次中取得成绩，再在后面的轮次中冲击更高的成绩。这个项目与快速扑克牌相似，只要中途出现错误，接下来的作答将全部失效，因此常有选手在这个项目中失手，得到非常不理想的分数。倘若我们在第一轮或前两轮比赛中未能取得满意的成绩，在最后一轮的记忆中，要以保稳为首要目标，不要盲目追求高分而导致三轮全部失手的情况。这是一个非常考验一遍记忆能力的项目。

由于在经过训练之后，大多数有较强竞争力的记忆者听记数字的水平都远超100个，因此第一轮的100数字将会显得有些鸡肋，即使完全正确也不能取得很好的分数，即使作答错误也无伤大雅，这时记忆者真正有效的记忆轮次将只有两轮。第二轮的成绩将变得更加重要。在实际的比赛中，听记数字项目的全场最高分不到100分或者超出100分没多少的情况还是时有发生（因此在听记项目中最重要的就是保持好心态，不要因为前面的失误给自己太大的压力。如果过于在意将每一个数字记牢，大脑的运转速度就会越慢，就更难跟上广播的速度）。

听记数字的记忆方法，就是快速数字的记忆方法，我们在听到第一个数字之前先想好要使用的地点，听到第一个数字时进入准备状态，在听到第二个数字后，快速生成第一个编码图像，并思考它可以使用的动作，在听完第二个编码之后，迅速在地点上完成编码和地点间的互动。在经过训练之后，4秒的时间记忆完成4个数字的听记是完全富余的。这个项目真正的难度并不在于反应，而在于保持注意力的高度专注和超高的记忆质量。倘若由于分神无法在规定时间内完成在一个地点上的记忆，接下来就要穷追猛赶去跟上后面的数字记忆。记忆者若不能快速调整记忆节奏，这一轮的记忆将就此中断。

根据规则，当出现第一处错误之后，接下来的作答将不会得到分数，因此在确定我们跟不上广播的速度之后，我们将不用继续记忆，而是在广播继续播放数字的时候，屏蔽外界的声音，回忆自己刚刚记忆的数字。因此当我们记忆越来越多的数字之后，我们就需要间隔更久的时间，才能够去复习前面的内容，对记忆的质量要求也更高。

此外，听错数字，或反应错数字也是常常困扰记忆者的问题。有些记忆者虽然平时听英文数字的时候，完全能够区分"one, two, three, four, five, six, seven, eight, nine, zero"这十个单词的发音，但是在记忆的过程中，却总会将一个数字听成另外一个数字，导致出错图。对此，我们能做的就是提高专注度和做针对这两个单词的反应练习。

刚开始训练这一项目的记忆者，即使快速数字的水平已经小有成就，但是短时间内依然不容易让自己的记忆速度跟上英文的播放速度。因此我们可以使用一个地点记忆两个数字的方法，记忆听记数字。这样需要使用比先前的方法多一倍的地点，但是却能够快速提高我们听记数字的成绩。笔者是在使用这一方法训练到可以记住200个数字之后，才改用一个地点记忆四个数字的。

在听记项目中，我们到底应该记到哪里才结束记忆开始复习呢？有些记忆者会由于没有跟上广播的速度而被迫中断记忆，进入复习阶段。但是大多数时候，我们都是在完成事先规划的记忆量之后，选择不再继续记忆，转身投入复习。通常我们会安排好听记数字专用的地点，在使用完这一部分地点后，就不再继续向后记忆。

最后，我们再来学习一个比赛中非常实用的提分小技巧：当我们使用完规划的地点，打算停止记忆时，可以使用两只手摆出接下来听到的两个数字，这样就可以无误地多记两个数字了。这一个方法通常被初学者所使用，对有一定水平的记忆者则用处不大。

作答策略

听记数字的作答策略同样是从前往后对记忆的数字进行作答，虽然一个数字错误，后面的数字都无法得到分数，但我们第一轮作答时还是不需要在一时间想不起来的地方停留太久，等到完整作答之后再回过头推理即可。因为作答的过程其实并不耽误太多时间，不用担心暂时跳过之后，回头就想不起来，而且在向后作答的过程中，遇到与空开的数字相同或者相似的编码还可以给到我们相对应的提示。

根据规则，后面作答的错误是不会影响到前面的成绩的，因此我们可以在作答完记忆的数字之后，再从0~9中随机挑选一个数字填写在答卷的下一个空格处，这样我们就有十分之一的概率额外获得1分原始分。

训练策略

刚开始进行听记数字训练时，我们需要练习对数字的反应，即听到英文数字后在脑海中将其转化为数字编码。笔者建议记忆者可以在快速数字水平达到200~240个数字之后，再开始训练这个项目。快速数字的基础将会对听记数字有很大的帮助。如果记忆者觉得可以适应1秒一个的数字记忆速度的话，就可以直接进行听数字出图的练习，倘若记忆者还无法做到听到英文立即反应出数字，则可以先练习将听到的数字按顺序写在纸面上，做中英文翻译的练习。

当记忆者可以接受这一速度之后，我们就可以开始做联结和记忆的练习了，具体的操作方式与快速数字相同。有些记忆者在适应了1秒一个的速度之后，通过训练软件缩短数字播放的间隔，让自己的反应跟上更快的播放速度。我们将数字的播放速度加快，是为了提高反应的能力。因此，不需要将播放速度提高到每秒两三个数字这么快，只需要调快到0.8~0.9秒一个数字的程度即可。在正式比赛中，数字播放的速度已经固定为约1秒一个，过快的反应速度也不利于我们在比赛中找到节奏。我们在比赛开始前，也应该通过1秒一个或0.9秒一个的速度进行听记联结练习，找到比赛的节奏。

听记数字不是一个数字基础扎实就可以速成的项目，需要平时坚持练习，培养感觉。因此即使在休赛期，记忆者也应当保持一天100个数字的听记训练，维持感觉。

此处我们同样给出5级目标：

5分钟记忆项目：

1级目标：原始分60分

2级目标：原始分100分

3级目标：原始分200分

4级目标：原始分300分

5级目标：原始分400分

达到1级目标代表着我们已经掌握了听记数字的节奏和方法，接下来只需要提高持续专注的时间和记忆质量就可以继续进步了。达到2级目标代表着我们可以在比赛的第一轮中记忆全部的数字，根据现在的算分标准足以得到473的项目分了（根据算分公式，听记记忆的原始分和项目分的转换成对数关系，即原始分越高，每一个原始分所能转化为的项目分就越少）。只要拿到这个分数，即使听记数字无法成为你的优势项目，也不会令你因为这个项目被拉开太大的差距。

达到3级目标，记忆者就在国内的比赛中具有了一定的竞争力。达到4级和5级目标，需要保持长时间的专注能力。这样的成绩在世锦赛上，也能获得相当优异的名次。

第九节　二进制数字

二进制数字项目要求记忆者在规定的时间内尽可能多地记忆二进制数字并进行作答。在学习这个项目的记忆方法之前，我们需要先知道二进制数字是什么东西？

二进制是一种计数制，由"0"和"1"两种字符来表示数值，采用逢二进一的进位规则，常用于计算机技术中。

对于记忆者来说，虽然不需要知道二进制是什么，只要知道二进制仅由"0"和"1"两种字符构成，就可以进行记忆，但是笔者还是建议大家花费一些时间了解一下二进制数字，拓展自己的知识面。

比赛规则

表 3-9　比赛时间

时间	短时赛	中时赛	长时赛
记忆时间	5分钟	30分钟	30分钟
作答时间	15分钟	60分钟	60分钟

记忆卷样卷：

GAMA Online
Binary Numbers - Memorization

1	1	0	1	1	1	0	1	0	1	0	0	0	0	0	1	1	0	0	0	1	1	0	1	1	0	1	0	0	1	Row 1
1	1	0	1	1	1	1	1	1	0	1	1	0	1	0	0	1	1	0	0	1	0	0	0	1	1	1	1	1	1	Row 2
0	1	1	0	0	0	1	0	0	0	1	1	1	0	1	1	1	0	1	0	0	1	1	1	1	0	0	0	0	0	Row 3
0	0	0	1	1	1	0	0	1	1	0	1	1	0	0	1	0	1	1	1	0	1	0	0	0	1	1	0	0	0	Row 4
0	1	0	1	1	1	1	1	0	1	0	1	1	1	1	0	1	1	0	1	0	0	0	0	0	1	0	0	0	0	Row 5
1	1	0	0	1	1	1	1	1	0	1	0	0	1	0	1	1	1	1	1	1	1	0	0	1	0	0	1	0	0	Row 6
0	1	0	1	1	0	1	0	1	0	1	0	1	1	1	0	1	0	1	0	1	0	1	0	1	1	0	1	1	0	Row 7
1	0	0	0	1	1	1	1	1	1	1	1	1	1	0	1	1	0	0	1	0	1	0	0	0	1	0	1	0	0	Row 8
0	0	1	1	0	1	1	1	0	1	0	0	0	0	1	0	1	0	0	0	0	1	1	0	0	1	0	1	0	1	Row 9
0	1	0	1	0	1	1	1	1	0	1	0	1	0	1	0	1	1	1	1	1	0	0	0	0	0	0	0	0	0	Row 10
0	0	0	1	1	1	0	1	1	1	0	0	0	0	1	1	0	1	1	0	0	1	0	0	0	0	0	0	1	0	Row 11
0	0	1	1	0	1	1	1	0	1	0	1	1	1	0	0	0	1	0	0	1	1	1	1	0	0	0	0	0	0	Row 12
1	0	0	0	0	0	1	0	0	0	1	1	1	0	0	0	0	0	1	1	1	1	1	1	0	1	0	0	0	0	Row 13
0	0	1	1	0	0	1	1	0	0	0	0	1	1	1	1	1	1	0	0	1	1	1	0	0	1	1	1	1	0	Row 14
1	1	0	1	0	1	1	1	1	1	1	0	1	0	1	0	1	1	0	1	1	1	0	0	0	0	1	0	0	0	Row 15
1	1	0	0	0	1	0	1	0	1	0	1	1	0	1	0	0	1	1	1	1	0	0	1	1	1	1	0	0	1	Row 16
0	0	0	1	1	0	0	1	1	0	1	1	1	0	1	0	1	0	1	1	0	0	1	0	0	0	0	0	0	0	Row 17
1	1	1	0	0	0	0	1	1	0	1	0	0	0	0	1	1	0	0	1	1	0	1	0	1	1	0	0	0	0	Row 18
1	0	1	0	1	1	1	0	0	1	1	0	1	0	1	0	1	0	1	1	1	0	1	0	0	0	0	1	0	0	Row 19
1	0	1	1	1	0	1	0	0	0	1	0	1	1	0	0	1	0	1	0	1	1	0	0	0	0	1	1	1	1	Row 20
1	0	1	0	0	1	1	0	0	1	0	0	0	0	1	0	1	1	0	0	1	1	0	1	0	0	0	1	0	1	Row 21
0	0	1	0	0	0	1	0	1	1	0	0	1	0	1	1	1	0	1	0	0	1	0	0	0	1	1	1	1	0	Row 22
0	0	1	1	1	1	0	0	1	0	1	1	1	0	0	0	0	1	0	1	0	0	1	1	0	0	0	0	0	0	Row 23
0	1	1	1	0	1	0	1	0	1	0	1	0	0	1	0	1	0	1	0	0	1	0	0	0	1	0	0	0	1	Row 24
1	1	0	0	0	0	1	1	1	0	1	1	0	1	1	0	0	0	0	1	0	1	0	1	0	1	1	0	0	0	Row 25

记忆规则：

①记忆卷一页有25行，每行有30个二进制数字，一页共计750个数字。

②记忆卷的数字量为世界纪录的120%。

③选手可以决定是否使用划线的透明模板，来避免使用记忆时间来画线。但是在记忆时间结束，作答时间开始之前，必须由裁判将其收走。

答卷模板：

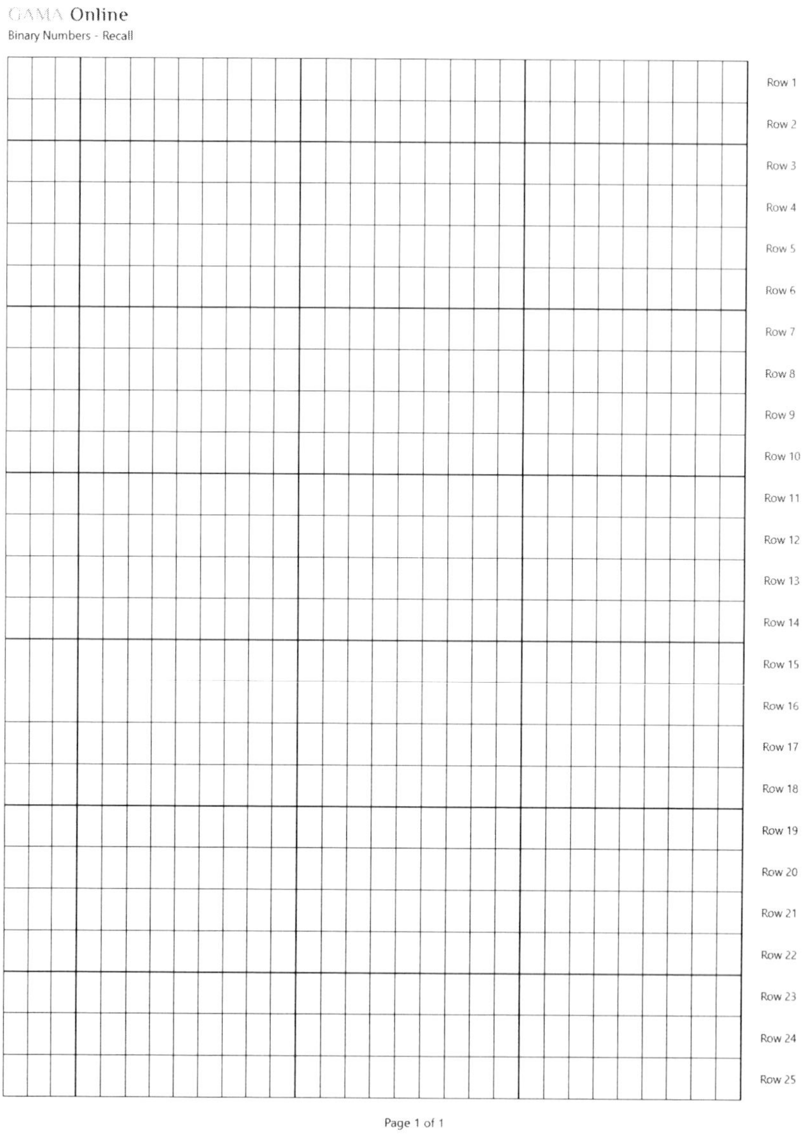
GAMA Online
Binary Numbers - Recall
Row 1
Row 2
Row 3
Row 4
Row 5
Row 6
Row 7
Row 8
Row 9
Row 10
Row 11
Row 12
Row 13
Row 14
Row 15
Row 16
Row 17
Row 18
Row 19
Row 20
Row 21
Row 22
Row 23
Row 24
Row 25
Page 1 of 1

作答规则：

①选手可以选择在这个空格中不进行任何书写，表示这个格子中的数字是

"0"。但是，选手要么选择所有的"0"都用空格来表示，要么选择将所有的"0"都写上，在一次作答中只能选择其中一种作答方式。

②假设选手选择使用空格来表示"0"，在作答的最后一行的最后一个作答格后面，需要标记"E"，代表作答结束（end）。

计分规则：

①选手每完全正确作答一行，则获得30分的原始分。

②一行中出现1个数字错误或是空缺，则该行获得15分的原始分。

③一行中出现2个及以上的数字错误或是空缺，则该行获得0分的原始分。

④完全未作答的行数，则以无效作答论处，该行计0分。

⑤在有效作答的最后一行，选手倘若未完全作答30个数字，如作答了22个数字，且作答的数字完全正确，则计正确作答的数目为该行的原始分，即计22分。

⑥在有效作答的最后一行，选手倘若未完全作答30个数字，如作答了22个数字，且作答的部分中出现1个数字错误或是空缺，则该行计正确作答的数目的二分之一，为该行的原始分，即11分。

⑦在有效作答的最后一行，选手倘若未完全作答30个数字，且作答数目为单数，如作答了23个数字，作答的部分中出现1个数字错误或是空缺，则该行计正确作答的数目的二分之一后四舍五入取整，为该行的原始分，即12分。

⑧在有效作答的最后一行，选手倘若未完全作答30个数字，且作答的部分中出现2个及以上的数字错误或是空缺，则该行获得0分的原始分。

记忆策略

我们通常需要将二进制数字翻译为十进制数字之后再进行记忆。因此我们最先学习的是二进制与十进制数字的对应转化：

表 3-10　二进制和十进制的转化

二进制	十进制	二进制	十进制
000	0	100	4
001	1	101	5
010	2	110	6
011	3	111	7

三位的二进制数字可以对应转化为一位的十进制数字，因此我们可以将一串二进制数字分割为三位为一组，并转化为十进制数字，从而按照十进制数字的记忆方式进行记忆。如010000101110这串数字可被转化为：2056。

在二进制数字的记忆卷中，每一行有30个二进制数字，一页共25行，因此一行可以转化为10个十进制数字。跟前先前所学习的数字记忆方法一样，我们需要将每4个数字放在一个地点上。由于一行有10个数字，所以每一行的最后将剩下2个数字不能形成一组。此时，我们把下一行开头的两个数字与上一行末尾的两个数字组成一组，放在一个地点上。即每两行共计20个数字正好可以使用5个地点记忆完。又由于二进制数字一页有25行，前面24行正好可以被完整地记完。剩下的单行理论上可以与下一页的第一行组合起来，再用5个地点进行记忆，但是翻页会影响记忆和作答的节奏，因此我们可以选择放弃记忆每一页的最后一行，在完成24行的记忆之后，直接翻到下一页进行记忆。

由于密密麻麻的0与1容易使记忆者看错位，导致记到每一行的最后才发现剩余的数字无法刚好形成十进制的数字，因此在这个项目中，笔者建议使用透明的A4垫板作为辅助阅读的工具。在每一场的比赛开始前，选手可以在签到的时候获得一张二进制的记忆样卷。该样卷的内容与记忆时所使用的记忆卷内容并不相同，但是印刷格式是一样的。选手在拿到这张样卷之后，可以使用垫板盖在上面，在每6个数字的中间画一条线，将数字分隔开，并在左上角标记一个"正"字来识别方向。当正式比赛的时候，我们在赛前一分钟准备时间的最后十秒，可以将垫板插入二进制的记忆卷中，比赛开始时就可以直接将记忆卷翻到正面开始记忆，而不需要再额外花时间使用尺子和笔在记忆卷上画线（在正式比赛的过程中，难免会出现样卷与记忆卷印刷格式不同的情况，因此选手需要事先准备尺子和笔，以备不时之需）。

画线示例：

```
0 0 0 0 0 0,0 0 0 0 0 0,0 0 0 0 0 0,0 0 0 0 0 0,0 0 0 0 0 0   Row 1
1 1 1 1 1 1 1 1 1 1 1 1 1 1 1 1 1 1 1 1 1 1 1 1 1 1 1 1 1 1   Row 2
0 0 0 0 0 0 0 0 0 0 0 0 0 0 0 0 0 0 0 0 0 0 0 0 0 0 0 0 0 0   Row 3
1 1 1 1 1 1 1 1 1 1 1 1 1 1 1 1 1 1 1 1 1 1 1 1 1 1 1 1 1 1   Row 4
0 0 0 0 0 0 0 0 0 0 0 0 0 0 0 0 0 0 0 0 0 0 0 0 0 0 0 0 0 0   Row 5
1 1 1 1 1 1 1 1 1 1 1 1 1 1 1 1 1 1 1 1 1 1 1 1 1 1 1 1 1 1   Row 6
0 0 0 0 0 0 0 0 0 0 0 0 0 0 0 0 0 0 0 0 0 0 0 0 0 0 0 0 0 0   Row 7
1 1 1 1 1 1 1 1 1 1 1 1 1 1 1 1 1 1 1 1 1 1 1 1 1 1 1 1 1 1   Row 8
0 0 0 0 0 0 0 0 0 0 0 0 0 0 0 0 0 0 0 0 0 0 0 0 0 0 0 0 0 0   Row 9
1 1 1 1 1 1 1 1 1 1 1 1 1 1 1 1 1 1 1 1 1 1 1 1 1 1 1 1 1 1   Row 10
0 0 0 0 0 0 0 0 0 0 0 0 0 0 0 0 0 0 0 0 0 0 0 0 0 0 0 0 0 0   Row 11
1 1 1 1 1 1 1 1 1 1 1 1 1 1 1 1 1 1 1 1 1 1 1 1 1 1 1 1 1 1   Row 12
0 0 0 0 0 0 0 0 0 0 0 0 0 0 0 0 0 0 0 0 0 0 0 0 0 0 0 0 0 0   Row 13
1 1 1 1 1 1 1 1 1 1 1 1 1 1 1 1 1 1 1 1 1 1 1 1 1 1 1 1 1 1   Row 14
0 0 0 0 0 0 0 0 0 0 0 0 0 0 0 0 0 0 0 0 0 0 0 0 0 0 0 0 0 0   Row 15
1 1 1 1 1 1 1 1 1 1 1 1 1 1 1 1 1 1 1 1 1 1 1 1 1 1 1 1 1 1   Row 16
0 0 0 0 0 0 0 0 0 0 0 0 0 0 0 0 0 0 0 0 0 0 0 0 0 0 0 0 0 0   Row 17
1 1 1 1 1 1 1 1 1 1 1 1 1 1 1 1 1 1 1 1 1 1 1 1 1 1 1 1 1 1   Row 18
0 0 0 0 0 0 0 0 0 0 0 0 0 0 0 0 0 0 0 0 0 0 0 0 0 0 0 0 0 0   Row 19
1 1 1 1 1 1 1 1 1 1 1 1 1 1 1 1 1 1 1 1 1 1 1 1 1 1 1 1 1 1   Row 20
0 0 0 0 0 0 0 0 0 0 0 0 0 0 0 0 0 0 0 0 0 0 0 0 0 0 0 0 0 0   Row 21
1 1 1 1 1 1 1 1 1 1 1 1 1 1 1 1 1 1 1 1 1 1 1 1 1 1 1 1 1 1   Row 22
0 0 0 0 0 0 0 0 0 0 0 0 0 0 0 0 0 0 0 0 0 0 0 0 0 0 0 0 0 0   Row 23
1 1 1 1 1 1 1 1 1 1 1 1 1 1 1 1 1 1 1 1 1 1 1 1 1 1 1 1 1 1   Row 24
0 0 0 0 0 0 0 0 0 0 0 0 0 0 0 0 0 0 0 0 0 0 0 0 0 0 0 0 0 0   Row 25
```

多数选手喜欢使用光滑平面的垫板，但是笔者更加推荐磨砂垫板，因为这样的垫板更有质感，而且方便使用铅笔在上面画线，不易被抹除。

在讲授完二进制数字的记忆方法之后，我们接下来要学习的是二进制数字的复习策略。由于这个项目分为5分钟记忆和30分钟记忆两种比赛方式，两种方式的复习策略并不相同，因此我们将进行分开介绍：

当记忆时间为5分钟时，笔者通常采用只看一遍的方式进行记忆，从头到尾只看一遍，不进行复习。因为二进制数字项目的记忆需要经过翻译转化为十进制，所以在每一个地点上停留的时间会比较长，记忆速度不可避免地要比直接记忆十进制慢上一些。相对应地，记忆牢固程度也会更高一些。此外，虽然一旦出错将失去30分的原始分，但经过转化之后，只要不是出现在两行转折的地点处，实际上会被影响的只有10个数字，对卷面得分影响相对较小，只要能保障将正确率稳定在一定水平，一遍记忆能使我们得到更高的分数。

当然，有很多记忆者也会选择看两遍的方式进行记忆，即记忆一遍之后再复习一遍。复习节点的选择和快速数字一样有多种不同的方式，每位读者可以根据自身的记忆稳定性去安排复习的策略。

此处我们选择的复习方法为回忆，而不是复看。由于二进制的转化需要时间，再看一遍试卷对于记忆者，尤其是初学者来说相当吃力，选用回忆的方式不仅能提高记忆的正确率，而且更快。

当记忆时间为30分钟时，笔者采用的是2遍+1遍的策略。具体来说，我将30分钟分为25分钟和5分钟两部分，前面25分钟的记忆内容进行复习，最后5分钟的记忆内容则仅记忆一遍。有些选手选择在30分钟内将一定量的内容记忆两遍，即使剩余一点点记忆时间也将其运用在复习上，而非继续往下记忆。用这种策略记忆的内容将记得更加扎实，读者可根据自己的实际情况选择策略。作答的时候先行作答仅记忆一遍的内容，再作答记忆两遍的内容，以保证只记一遍的内容不会因为间隔太久而被遗忘。

作答策略

5分钟的二进制数字作答，通常来说只要从前往后进行即可。初学者由于记忆量较少，完全可以在脑中回忆一遍之后再开始进行作答，但是随着记忆量的不断增加，15分钟的作答时间将越来越紧张，因此后期我们必须选择放弃回忆的环节，直接进行作答。

30分钟项目的作答时间则更加紧张，且由于记忆量庞大，腾出时间进行回忆几乎是不可能的，而且由于需要写的内容非常多，是十进制数字项目的三倍，记忆者往往需要加快自己的书写速度，避免写不完或是勉强写完的状况。和其他项目一样，二进制项目需要在第一轮作答结束之后再进行查漏补缺的工作。

虽然说作答的过程中不写"0"，而是采用空格代替将会少写一半左右的内容，但实际上笔尖从该格子间滑过，并不会比多写一个"0"节省多少时间，而且空开"0"不写非常容易找不到作答时回忆的节奏，因此笔者还是建议书写"0"。

作答中最容易出现的一个错误就是，由于跳过了一个地点，导致接下来的几行全部错位，又无法及时发现，等到发现的时候，需要修改的漏洞非常大，将消耗大量本就不充裕的时间。因此笔者建议记忆者记住二进制项目所使用的地点中，第5、第10、第15……个地点，这样我们每作答两行，就可以及时确认自己的作答是否出现遗漏。

书写难以避免会出现笔误。由于该项目的作答时间不足以支撑记忆者进行复习，因此比赛成绩有可能会和自己预计的有些许误差。记忆者需要在作答的时候留意自己的书写内容，尽量避免笔误。

倘若我们刚好记忆了完整的行数，最后一行的30个数字都完整地被记忆和作答，那在作答的时候，我们可以在下一行的第一个格子中写上"1"或者"0"，这样我们就有50%的概率额外获得1分的原始分。虽然二进制项目中1分的原始分对项目分的影响微乎其微，但却可能影响到我们在该项目中的单项排名。

该项目的作答卷中的每个格子都是细长状的，正常的书写是不需要将整一格都占满的。因此我们作答时，可以贴着每一格的底部进行书写，这样即使在检查时发现错误，我们也可以直接划去该数字，在其上半格重新书写。

训练方法

在二进制数字项目的练习中，首先要掌握的就是翻译和读数，即将二进制数字转化为十进制数字然后出图。我们可以使用二进制数字表，每隔6个数字画一条线，之后依次将这一页的125组二进制数字（25×5）翻译为十进制数字并形成编码。一开始的翻译可能会比较慢，我们需要以页为单位进行练习，直到我们的反应速度提高到能够流畅地出图后，就进入下一阶段的联结训练。联结训练与十进制数字的联结相似，因此不再赘述。当记忆者联结24行的时间控制在2分钟以内时，即可初步尝试二进制记忆。

最开始的时候，我们可能需要将二进制数字转化为十进制数字，再将其转化为编码词汇，并生成图像。但通过训练，我们最终将会做到看到二进制数字便能直接生成图像，此时我们的记忆速度便会大幅提升。但我们并不需要刻意去追求这一结果，在训练的过程中，会自然而然地朝这个目标靠近。

等我们找到记忆二进制数字的节奏之后，就可以不再进行读数的训练，只进行带桩联结和记忆训练了。二进制数字记忆的训练重点还在于对地点的高度熟悉，这同样需要日积月累。

二进制的复习采用的是回忆的方式，因此倘若第一遍出错，之后就没有机会纠正，所以即使平时为了缩短作答时间，仅作答十进制而不写为二进制数字，但是在备赛期，一定要根据完整的比赛流程进行作答，并核对答案，把握好每一个可能疏忽的小细节。

此处我们同样给出5级目标：

5分钟记忆项目：

1级目标：原始分420分

2级目标：原始分720分

3级目标：原始分900分

4级目标：原始分1200分

5级目标：原始分1500分

30分钟记忆项目：

1级目标：原始分2000分

2级目标：原始分3000分

3级目标：原始分4000分

4级目标：原始分5000分

5级目标：原始分6000分

依照当前选手的平均水平，只要经过训练，达到1级目标可以说是非常轻松的事情。达到2级目标则相对有些难度，需要选手建立起流畅地记忆节奏，但只要能够达到2级目标，几乎可以稳定在城市级的比赛中获得前三名。

达到3级目标，几乎可以稳定在国家赛中获得前三名。当前国内能达到4级目标的选手屈指可数，每一位都是综合实力相当出色的存在，他们几乎可以锁定国内比赛的冠军。

至于5级及以上的目标，国内还没有能够达到的选手，但当前这个项目的世界纪录已经达到了7485分。由于这一极端的高分，这一项目的原始分在转化为项目分时的系数变得极低——1分的原始分只能转化为0.13分的项目分，所以很多国内的选手放弃了在这个项目上投入太多的时间和精力。但是倘若读者想要追求更高的成绩，绝不可一味遵照"惯例"，在打下一定的基础后，需要有自己的思考和决策。

第十节　马拉松数字

马拉松数字分为15分钟数字记忆、30分钟数字记忆、60分钟数字记忆，要求选手在规定的时间内，尽可能多地记忆随机数字表上的数字，并将所记忆的数字尽可能完整地默写在作答纸上。这个项目与我们先前所学习的快速数字相似，最大的区别在于要掌握长时项目的记忆和作答技巧。

比赛规则

表 3-11　比赛时间

时间	短时赛	中时赛	长时赛
记忆时间	15 分钟	30 分钟	60 分钟
作答时间	30 分钟	60 分钟	120 分钟

记忆规则：

记忆卷一行有40个数字，完整的一页纸有25行，一页共有1000个数字，卷面样式与快速数字相同。数字的试题量为当前世界纪录的120%，如果选手想要水平超过世界纪录的120%，需要更多的试题，须提前一个月提出申请。

计分规则：

①选手每完全正确作答一行，则获得40分的原始分。

②一行出现1个数字错误或是空缺，则该行获得20分的原始分。

③一行出现2个及以上的数字错误或是空缺，则该行获得0分的原始分。

④完全未作答的行数，则以无效作答论处，该行计0分。

⑤在有效作答的最后一行，选手倘若未完全作答40个数字，如作答了22个数字，且作答的数字完全正确，则计正确作答的数目为该行的原始分，即计22分。

⑥在有效作答的最后一行，选手倘若未完全作答40个数字，如作答了22个数字，且作答的部分中出现1个数字错误或是空缺，则该行计正确作答的数目的二分之一，为该行的原始分，即11分。

⑦在有效作答的最后一行，选手倘若未完全作答40个数字，如作答了23个数字，即作答数目为单数，且作答的部分中出现1个数字错误或是空缺，则该行计正确作答的数目的二分之一后四舍五入取整，为该行的原始分，即12分。

⑧在有效作答的最后一行，选手倘若未完全作答40个数字，且作答的部分中出现2个及以上的数字错误或是空缺，则该行获得0分的原始分。

记忆策略

在学习完短时项目之后，我们的项目介绍篇章也接近尾声，剩下最后的长时项目部分。相较于二进制数字这种在不同赛制中以不同形式出现的项目，马拉松数字和马拉松扑克牌是两个标准的长时记忆项目。在接下来的篇章中，笔者将会讲述记忆者在长时记忆中所需要采用的技巧，这些技巧同样适用于30分钟的二进制数字项目，读者可在阅读此篇后，再次回顾上一章节。

我们在先前的篇章已经学习过数字的记忆方法了，马拉松数字的记忆在方法上与快速数字并无差别，但是需要使用另外一种速度和节奏。因为快速数字记忆项目的记忆和作答时间短，记忆者不需要在脑海中保持太长时间的记忆，但是长时记忆项目，尤其是一小时的记忆项目，则相当考验记忆者对信息的高质量、长时间的存储能力，这是高速记忆项目所不需要的。有些记忆者没有注意这一点，在长时项目中，采用了快速项目的记忆节奏，从而出现回忆时大量遗忘、无法流畅作答的情况。为了克服这一点，他们往往采用多次复习的方式去加强对信息的印象，而这需要大量的复习时间，记忆时间相对减少，记忆量自然不理想。

因此，掌握并熟练新的记忆节奏，是我们学习长时记忆时最先需要解决的问题，也是晋升的过程中要不断面临的问题。在记忆水平上升之后，倘若原先的记忆节奏不能支撑我们记忆更多的数字，我们需要去摸索更快的记忆节奏。

至于什么样的节奏是合适的？如何找到合适的节奏？这是需要读者自行体会的，笔者在此只能提供一些判断的依据

一个合适长时记忆的节奏需要满足以下特点：

①记忆过程流畅不卡顿，图像能保持一定的清晰度，不会令自己觉得速度太快无法跟上，或是速度太慢而行有余力。

②到了记忆的中后段，大脑不易出现太过疲惫、无法跟上节奏的情况。

③使用完一组地点之后，即使间隔了一段时间，也能非常顺畅地回忆起其中的内容。

那我们应该如何找到记忆节奏呢？最开始的时候，我们可以先尝试使用不同的节奏去记忆两组地点的数字量（以一组地点30个或40个来计算，记忆240~320个数字），并且只记忆一遍，将其中在常规状态下能保证记忆准确率在95%以上的节奏，作为我们长时项目最初的记忆节奏。随着自己水平的提高，再不断摸索更快的记忆节奏。

在讲授完马拉松数字的节奏问题之后，我们接下来要学习的是它的复习策略。由于这个项目分为15分钟记忆、30分钟记忆和60分钟记忆三种比赛方式，不同时长的比赛，我们需要在脑海中清晰保存信息的时间也是不同的。如何花费最少的复习时间，在最合适的时候进行复习，以确保我们的作答顺利进行，是所有记忆者都在不断探讨的课题。每一个记忆者根据自己的记忆习惯给出了不同的答案。下面，笔者将分别介绍自己在三种赛制中的复习策略，并提供一些其他选手的策略供读者参考，读者需要通过自己的实践，去摸索最适合自己的方法。

（一）15分钟记忆

由于时长相对较短，我们通常只记忆两遍。笔者所使用的方式是以两组地点为单位进行复习，即记忆240~320个数字之后，将这些数字从头到尾复习一次，之后再

进行下一单位的记忆。若完成多单位的记忆之后，还剩余一小段时间，我们则可以根据实际情况，判断最后还需要记忆多少数字，以及记忆多少遍。作答的时候，只要先完成最后记忆的部分，再从头到尾进行作答即可。

在复习的时候，由于时长较短，我们更偏向于采用复看的方式，缩短用时。和快速数字一样，笔者倾向于在第一遍记忆中投入更多的时间，以减轻第二遍记忆的负担。但在和30分钟马拉松扑克世界纪录保持者张麟鸿的交谈中，笔者得知，他在两次记忆中的用时是相差不多的，即两次记忆都保持相近的注意力，并没有倾向于更重视其中一次记忆。其单独一次的记忆质量并不足以支撑作答，但又高于所谓只留模糊印象的处理方式，两次叠加之后记忆将变得非常牢固。

除了按单元进行复习之外，我们同样可以等到完成目标记忆量之后，再进行整体复习。

有些记忆者认为，15分钟仅记忆两遍不够稳妥，需要记忆三遍才能保证自己的正确率。笔者对此的看法是，倘若我们无法两遍就将数字记牢，应该将重心放在提高记忆质量上，而非增加记忆次数。但若读者在记忆更多的数字的方面没有需求，只需要满足预设的目标（如IMM），则15分钟记忆三遍也是可以的。通常来说，15分钟的数字记忆量为5分钟数字的两倍左右，记忆三遍则较难达到这一比例。

（二）30分钟记忆

在30分钟的记忆项目中，有些记忆者仍然能仅记忆两遍，有些记忆者则需要记忆三遍才能确保正确率。过去笔者所采用的记忆策略是三遍和两遍相结合。如笔者过去半小时的记忆量在1500~1600个数字。在前半程的记忆中，采用和15分钟数字相同的记忆策略，根据地点的规划，每记忆240~320个数字就进行一次复习，15分钟左右的时间，可以将1000个数字记忆2遍。此后再从头到尾复看一遍这1000个数字。最后剩下约10分钟的时间，同样按照每记忆240~320个数字就复习一次的频率，持续至时间用完。在作答的时候，先行作答仅记忆两遍的部分，再作答记忆三遍的部分。

但这一策略如今呈现出要被淘汰的趋势，30分钟记忆两遍逐渐成为主流策略。240~320的记忆单元对于记忆量大的记忆者来说已经过于狭小了，他们更倾向于采用480或是1000作为一个复习单元，进行记忆。在记忆结束之后，先在脑海中完全回忆一次所有的记忆内容，再进行作答，不同于30分钟二进制项目仓促的作答时间，一个小时的作答时间对于30分钟的数字记忆量可以说是绰绰有余的。记忆者有充足的时间进行回忆。

对于水平还未成熟的记忆者来说，可以根据自身的水平调节记忆幅度，不一定要按照480或是1000的单元进行复习，但是笔者不建议将这个单元调整到240个数字以下。那样一来复习的频次太多了，且我们越早进行复习，最先记忆的数字就需要等待更久的时间才会被要求作答，记忆者也就更容易遗忘这一部分的内容。

（三）60分钟记忆

在60分钟的记忆项目中，四遍加三遍加两遍、三遍加两遍，以及纯两遍仍均有市场。如笔者过去一小时的记忆量大概在2600个数字，记忆的前半程，笔者采用的复习方式同15分钟数字一样，每记忆一个单元就将这一单元的数字复习一次，这个进程将持续2页的记忆量，即2000个数字。随后再将这2000个数字从头到尾复习一次，剩余的时间则继续按照每记忆一个单元就将这一单元的数字复习一次的频率记忆第三页的数字。作答的时候，我们回忆一遍仅记忆两次的内容，再从头到尾将2000个数字回忆一遍，最后再按照回忆的顺序进行作答。

亚洲记忆运动会成人组总冠军方彦卿使用的则是每400个数字复习一次，记忆1600个数字之后进行一次总复习，再继续每记忆400个数字复习一次，记忆1200个之后，再将2800个数字从头到尾复习一次，之后再往下看。

不同记忆者在一小时项目上的复习策略可以说有非常大的差异。有些选手甚至会选择记完目标量再进行复习。第一年参赛的选手可以尽早开始这一项目的练习，才有更多的时间试错，根据自己的记忆特点制订最适合自己的复习策略。

由于地点的规划并不统一，有时记到页末的时候后会剩下几行的内容无法形成完整的记忆单元，此时，我们可以将其舍弃，直接从下一页开始记忆，避免来回翻页破坏节奏。在作答的时候，为了避免裁判误判，认为选手第一页的内容没有完全作答，就不再翻看下一页的内容，我们需要在作答卷下方用文字注明下一页还有作答，提醒裁判翻到下一页。

数字项目的作答方式和快速数字相似，作答顺序也在上一部分中作了详细的描述。因此我们不再详细论述，只需要注意在作答结束之后检查书写问题即可。

训练方法

15分钟的马拉松数字是30分钟及60分钟马拉松数字项目的基础，因此我们在练习好5分钟数字项目之后，要先行练习15分钟马拉松数字，掌握其记忆节奏和复习规律，再以此为依据估算自己的记忆水平，并制订长时项目的复习策略。但是要注意，15分钟的时间毕竟并不算太长，记忆者对信息的保持往往可以做得更好，同样的记忆质量放在更长的记忆时间中，可能就无法支撑作答了，因此记忆者需要根据实际情况做出调整。

在赛前一个月到两个月的时间，我们可以开始练习15分钟马拉松数字。这个项目并不需要太早开始准备，因为伴随着快速数字水平的提高，无论是记忆速度还是记忆质量的改变，都会影响到马拉松项目的记忆感觉。所以等到快速数字项目成型之后再开始马拉松项目的训练会得到更好的效果。

如果在比较临近比赛的时候，才开始训练半小时和一小时的记忆项目，这将导致没有时间找到最好的记忆节奏。由于许多地点并未得到充分的练习，往往熟练的地点记得快，不熟的地点记得慢，节奏非常不稳定。再加上大脑未经过足够的长时记忆锻炼，非常容易疲劳（通常表现为完成作答后，精神不佳甚至头晕乏力）因此选择合适的时间，不要太晚，也不要过早地开始长时项目的练习，有助于记忆者最大限度地发挥自己的理论水平。

对于志在获得IMM的记忆者，在1小时内记忆1400个数字是远远不够的，即使我们对自己的正确率非常有自信，但是多记忆几行，给自己留出容错的空间将大幅提高我们成功的概率，并降低比赛时的心理压力。由于1400个数字是决定选手一整年的努力能否得到回报的第一个关键项目，选手在赛场上容易产生莫名的心理压力，找不到记忆节奏，或是心烦意乱、全身燥热等，因此我们必须在平时建立足够的信心来缓解这一点。因此，除了在平时尽可能提高正确率之外，增加自己的记忆量相当重要。笔者建议读者尽可能将自己的记忆量上升到1600甚至1700，而不是满足于1400或1500的记忆量。

也许有读者听说过刚刚好记1000或1100（过去的IMM标准）个数字，并全部正确，拿下IMM的传奇故事，但那更多的只是幸存者偏差。笔者参加了8年的记忆比赛，看过太多抱憾而归的身影。仅差1个数字达到目标的记忆选手，也不在少数。

此处我们同样给出5级目标：

15分钟记忆项目：

1级目标：原始分400分

2级目标：原始分700分

3级目标：原始分900分

4级目标：原始分1100分

5级目标：原始分1300分

30分钟记忆项目：

1级目标：原始分700分

2级目标：原始分1000分

3级目标：原始分1300分

4级目标：原始分1600分

5级目标：原始分2000分

60分钟记忆项目：

1级目标：原始分1000分

2级目标：原始分1600分

3级目标：原始分2200分

4级目标：原始分3000分

5级目标：原始分4000分

常见问题

1. 1小时的马拉松数字项目，练完一次之后要隔多久才可以再练习一次？

答：这取决于记忆者的地点清空情况。我们通常不需要刻意去清空自己地点上的内容，只要不刻意去想它，自然而然就会淡忘。每个记忆者的记忆质量和遗忘能力并不相同，因此笔者在这里无法给出准确的时间，但通常来说，一个星期进行一到两次马拉松项目是完全没有问题的。我们不需要完全清空地点上的内容，只要地点清空到一定程度，新记忆就可以覆盖旧记忆（虽然效果略逊于完全清空）。

2. 一个项目不同组的地点中，包含了多个模样完全相同的地点，是否会混淆？

答：只要我们处理好这些同样地点的关系，一般来说是不会混淆的。因为这些地点存在于不同的大场景中，来自不同的空间，它们长相虽然相同，但是所处的方位并不相同。此外，我们可以令其与大场景产生一定的联系，来增加区分度。如家里的床会有舒适、温暖的感觉，酒店的床会有奢华、享受的感觉，学校的床会唤起起来就要去上课的紧迫感，只要将这些东西融入记忆当中，我们就可以很好地进行区分了。当然，在作答的时候，由于大量地书写，我们的注意力并非完全集中，将一张床上的编码写在了另一张床所在的位置是相当常见的状况。我们需要在书写和检查时，格外留心容易混淆的地点。

第十一节　马拉松扑克

马拉松扑克分为10分钟扑克记忆、30分钟扑克记忆、60分钟扑克记忆，要求选手在规定的时间内，尽可能多地记忆扑克牌，并将所记忆的每一副扑克牌都尽可能完整地默写在答卷上。这个项目与我们先前所学习的快速扑克相似，最大的区别在于要掌握长时项目的记忆和作答技巧。

比赛规则

表 3-12　比赛时间

时间	短时赛	中时赛	长时赛
记忆时间	10分钟	30分钟	60分钟
作答时间	30分钟	60分钟	120分钟

记忆规则：

①选手必须携带自己的扑克牌到赛场，并在签到时领取与需要上交的扑克牌副数相同数量的标签纸和足够的塑料袋。选手需要在每张标签纸上填写姓名、ID、座位号、比赛项目和扑克牌的编号，并将其依次贴在每一副扑克牌的牌盒上，并装在袋子里上交给组委会。组委会将会在该项目开始前将扑克牌打乱（洗牌的时候只会

一副副地进行，不会将不同副的牌混在一起）。

②在项目开始前，裁判会将打乱好的扑克牌发放在每个选手的桌面上。选手需要根据裁判的指令，从袋子中拿出扑克牌，并按照牌盒的编号将扑克牌排在桌面上。

③在听到裁判的指令后，选手可以依次将扑克牌从牌盒中取出，反面朝上扣在牌盒或桌面上。

④在记忆开始前的最后10秒，选手可以将扑克牌握在手中，且背面朝上。

⑤扑克牌可以多次记忆，即在记忆完之后可以拿起来再次记忆。选手可以同一时间记忆超过一张扑克牌，即可以采用双推或三推等手法。

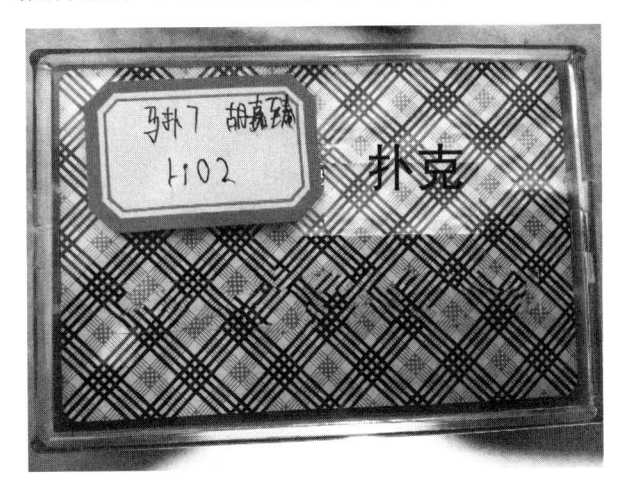

作答规则：

①记忆结束之后，选手需要根据裁判的指令将扑克牌依次放回到牌盒中，再放回到袋子里。

②裁判会为选手提供足够数量的答卷，每张答卷可以作答两副扑克牌。

③选手需要正确且清晰地作答每副扑克牌的顺序（包括数字和花色）。

④在作答结束之后，答卷将会被放入装有扑克牌的袋子中，被裁判收走。

计分规则：

①每完全正确作答一副牌，将获得52分的原始分。

②一副牌的作答中出现一处错误或是空格，将获得26分的原始分。

③一副牌的作答中出现两处及以上的错误或是空格，将获得0分的原始分。

④假设有两张牌的顺序写反了，则视为出现两处错误。

⑤假设有一副牌在记忆后没有进行作答，将获得0分的原始分，不会倒扣分。

⑥在有效作答的最后一副，选手倘若未完全作答52张扑克牌，如作答了22张，且作答的扑克牌完全正确，则计正确作答的数目为该副的原始分，即计22分。

⑦在有效作答的最后一副，选手倘若未完全作答52张扑克牌，如作答了22张，且作答的部分中出现1处错误或是空缺，则计该副计正确作答的数目的二分之一为该副的原始分，即11分。

⑧在有效作答的最后一副，选手倘若未完全作答52张扑克牌，如作答了23张，即作答数目为单数，且作答的部分中出现1处错误或是空缺，则该副计正确作答的数目的二分之一后四舍五入取整，为该副的原始分，即12分。

⑨在有效作答的最后一副，选手倘若未完全作答52张扑克牌，且作答的部分中出现两处及以上的错误或是空缺，则该副获得0分的原始分。

记忆策略

我们在前文已经学过了扑克牌的记忆方法，接下来，我们要讲述的是一些马拉松项目独有的记忆技巧。

在比赛前，我们已经在每一副扑克牌的牌盒上粘贴了扑克牌的序号，告诉自己和裁判每一盒扑克对应的是第几副扑克牌，这样我们才能从第一副开始按照一定顺序进行记忆，裁判也能更好地按照顺序核对扑克牌。

此处我们需要注意的是，上交的扑克牌一定不可以是未被打乱的新牌，裁判虽然会将每一副扑克牌都打乱，但只是稍微改变它的顺序，而不是将其彻底打乱。按照评判规则，出现大量同花顺的扑克牌将视为无效记忆，即这副扑克牌即使完全作答正确也无法得到分数。

和马拉松数字不同，马拉松扑克多了一个摆牌的过程，需要选手将扑克牌在记忆前先摆好在桌面上。摆牌的方法没有明确的规定，选手可以根据自己的喜好进行排序。笔者通常会将第一副牌放在桌面的左上角，第二副牌紧挨着第一副牌，以此类推。倘若一行无法放下所有的扑克牌，我们则另起一行进行放置。

每一副扑克牌的牌盒横向放置，各牌盒间头尾相连，扑克牌则竖向放置在牌盒上，使扑克牌和牌盒呈现"十"字样式，这样可以使我们轻易地握住扑克牌。不同行间要留有空隙，避免在拿牌或是放牌的时候，不小心蹭倒其他的扑克牌（发生这种意外导致无法正常作答，后果由选手自行承担）。

倘若我们要记忆的扑克牌数量较多，一张桌子无法放下，可以向裁判申请多一张桌子来放置扑克牌。但即使记忆再多的扑克牌，笔者还是建议将身前的位置空出，作为记忆区。在记忆的过程中，手和扑克牌是不可以放置在桌面下方的。在身前留出空位，可以安放手臂，避免让手臂长时间悬浮在空中。

和马拉松数字相同，马拉松扑克牌同样需要训练一种长时项目独有的记忆节奏，而这个节奏可以由推牌的手法来发起和调节，具体的寻找节奏的方法在马拉松数字的篇章中已有详尽的讲解，此处将不再详述。其中要注意的是，推动扑克牌的过程，难以避免会发出"沙沙沙"的声音，有些记忆者发出的声音甚至非常响，这个声音的频率就是他们记忆的节奏。在比赛场上，许多选手同时开始记牌，由于每个人的记忆节奏都不相同，我们将会听到此起彼伏的响声，有时甚至随着桌椅的晃动，专注度不够高的选手，将很容易被其他人，特别是附近选手的节奏所影响。因此，一方面我们要控制自己的响声，尽可能不要影响到其他选手；另一方面，我们要提高自己的抗干扰能力，或是提高专注度，或是使用隔音设备。另外，在比赛前，我们可以询问周围的选手，了解他们的记忆习惯，若是存在记忆动静特别大的选手，我们可以向裁判申请将他安排在周围没有选手的特殊位置上（这不是歧视行为，而是一种使大家都能尽可能发挥记忆水平的做法。强迫对方不要发出动静，容易影响对方的记忆习惯，导致双方的发挥都不理想）。

（一）10分钟扑克牌

由于时长相对较短，我们通常只需要记忆两遍。笔者所使用的方式是每记完一副牌采用回忆的方式复习一次。一边在脑海中回忆，一边按照节奏推牌，遇到不确定的扑克就看一眼手中的扑克牌加深印象。每副扑克牌在连续记忆两次之后，就放回位置上，不再拿出。

如果记忆者无法适应这种复习策略，则可以使用和马拉松数字相似的复习策略，记忆2副或4副之后，进行一次复习，或是记完目标记忆量后再进行复习。

（二）30分钟扑克牌

30分钟扑克牌项目是在10分钟扑克牌的基础上演化的，笔者采用三遍加两遍的记忆模式。如笔者10分钟能记忆8到10副扑克牌，所以将30分钟扑克牌的目标记忆量定为20副。在比赛开始前的14分钟，从前往后记忆13副扑克牌，每副扑克牌记忆两遍，之后再将这13副扑克牌完整地复习一次，剩余10分钟左右的时间，则从第14副扑克牌开始，按照10分钟扑克牌的记忆节奏，一副两遍，记忆接下来的7~8副扑克牌。由于马拉松项目的记忆节奏并不是完全稳定的，会根据当时的状态有1~2副牌的误差，所以我们在上交扑克牌的时候，可以提交比平时训练成绩多1~2副的扑克牌。

作答的时候，我们先行作答仅记忆两遍的部分，再从前往后进行作答。

当然，读者也可以采用仅记忆两遍的复习策略，记忆完一半或是全部的目标记忆量，再进行复习。

（三）60分钟扑克牌

60分钟扑克牌项目，四遍加三遍加两遍、三遍加两遍以及纯两遍均仍有市场。例如，亚洲记忆运动会成人组总冠军方彦卿使用的就是每6副扑克牌复习一次，记忆18副扑克牌之后进行一次总复习，再继续每记忆6副扑克牌复习一次，记忆12副之后，再将30副扑克牌从头到尾复习一次，之后再往下看。

获得过三届中国记忆总冠军的张兴荣使用的复习策略则是每4副扑克牌复习一次，记忆24副扑克牌之后进行一次总复习，再继续每记忆4副扑克牌复习一次。

读者可根据自己的记忆质量和记忆习惯，在参考上述的复习策略后，制订自己的复习策略。

作答策略

在作答方面，马拉松扑克牌和其他项目不同的地方在于，选手需要自己将扑克牌放入牌盒里面，等到所有人的扑克牌都收好之后，作答才正式开始。在我们收拾扑克牌的时候，大脑里就要抓紧时间回忆了，争取利用收牌的时间，将所有记忆的内容都复习一遍，这样我们的作答就轻松多了。因此，在不恶意拖延比赛流程的前提下，我们可以稍微放慢收拾扑克牌的速度，为自己争取更多的回忆时间。

在正式讲授作答策略之前，我们先来认识一下答卷。马拉松扑克的答卷和其他项目的答卷差异很大，由多个不同的区块组成。

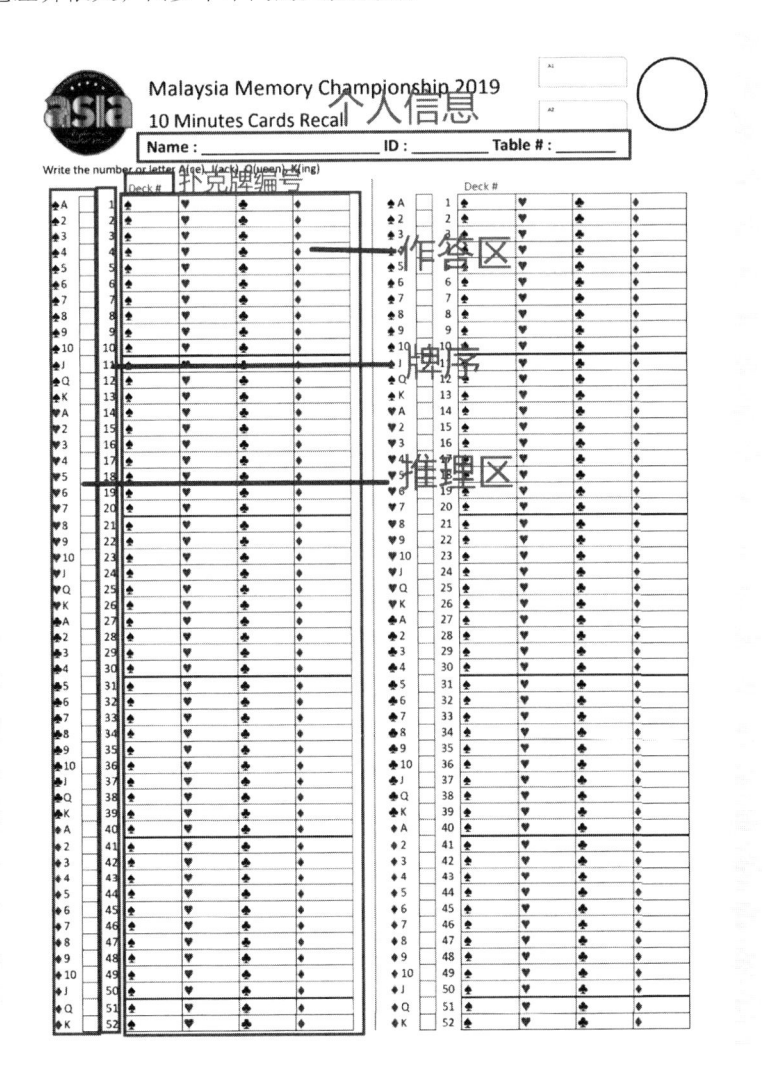

个人信息的部分，我们可以留到最后再填写。马拉松扑克的作答是非常消耗时间的，而作答卷又特别多，一张张地写名字会浪费很多时间，因此我们放到最后再进行。倘若时间不够，仅在一张答卷上写上名字，等裁判收卷的时候，再跟其说明情况即可。裁判通常会给选手额外的时间写名字，或者用订书机将答卷钉起来。

扑克牌编号是非常重要的一个部分，当我们要作答第一副扑克牌时，就需要在"Deck"的后方写下阿拉伯数字"1"，如果选手在Deck1下方作答了第二副牌的内容，即使作答全部正确，也会以0分计算。但假若我们在作答卷的左半边作答了第一副的内容后，忘记作答第二副的内容，而是直接在右半边作答了第三副扑克牌，我们可以直接在Deck后面写阿拉伯数字"3"，即第一副后面不一定要跟着写第二副。倘若担心裁判没有发现这一点，改错我们的卷子，则可以在旁边附上文字说明，万一还是改错，我们还可以通过复查的方式获得应得的分数。

我们需要在牌序右边的作答区作答记忆的内容，在牌序1的右边作答第一张牌的答案，在牌序2的右边作答第二张牌的答案，以此类推。我们会看到作答区的每一行同时存在四种花色的格子，假设第一张牌我们记忆的是黑桃3，就在黑桃这一格的后方写下数字3即可，剩余三种花色的格子内，则不需要作答任何内容。这有点像使用2B铅笔填涂答题卡的概念。其中我们要注意的是，由于英文字母"A"和阿拉伯数字"4"的形状类似，英文字母"Q"和阿拉伯数字"8"的形状相似，在书写的时候，一定要将字迹写清楚，以避免裁判误判。

最后看到推理区，在这个区域内书写任何东西都不会影响我们的作答结果，它也没有统一的使用方式，记忆者可以按照自己的记忆习惯来使用它。如笔者会将作答一轮后，没有出现的扑克牌圈起来，再推理这些牌应该放在什么位置上。有些选手作答一张牌就会在推理区这张牌的后面做记号，但笔者认为这样标记太耗费时间了。

在讲解完作答卷的构造之后，我们开始作答策略的教学。遵循记忆遍数少的内容先行作答已经是大家都烂熟于心的事情了，笔者此处将不再赘述，但在最后一副牌的作答中，倘若我们仅记忆了一部分牌，且答案有不确定的地方，笔者建议读者宁少答，勿错答，仅作答前面确定正确的部分，后面确定正确的部分可以先行写上，但倘若最后无法确定中间内容的正确性，后面的答案需要一并抹去。当然，如果记忆者记忆了30张左右的扑克牌，而出现不确定的扑克牌是第一张或第二张，则可以选择作答全部内容。

在第一轮作答中，倘若遇到遗忘的扑克牌，我们需要在牌序中将这张牌的序号圈起来，这样可以帮助我们在查漏补缺时，快速锁定未作答的牌。倘若心中已有初步的答案，但是无法保证它的正确性，可以在牌序左边（越过推理区）以数字编码的形式写出，等到第一轮作答完后，再回头判断。倘若我们作答了某一张扑克牌，但是只有八成把握它是正确的，可以在牌序中将这张牌的序号用三角形圈起来，帮助我们在查漏补缺时，快速锁定未作答的牌。在作答完一副牌后，倘若这副牌中出现了上述的标记，我们可以在"Deck"前方画一个圈，帮助我们在查漏补缺时，快速锁定这副牌。倘若我们的记忆不够牢固，存在太多需要推理的地点，那它的作答将相当消耗时间，因此我们不能因为可以从52张牌中推理出正确答案，就不重视记忆时的正确率。此外，作答的过程中倘若跳过了地点，答完最后一张牌，发现仅作答了50张，需要回过头从中找出遗漏的地方也是相当消耗时间的。

扑克牌项目中，很多选手会发现最终成绩跟自己的预想相差很多，除了裁判改错的可能性之外，更常出现的情况是选手在自己完全没有注意到的情况下犯错了。只要错误两处，一整副扑克牌将以0分计算，这样的扣分可以说是非常严苛的。不管是记忆的时候看错牌、不小心的笔误，还是将动作或形状相似的两张牌混淆，将一张牌写了两次等，都会导致失分。因此，在作答完后，一定要进行检查，且不只是从第一张往后看一遍，确定每张牌跟自己的"记忆"无误即可。

作答区每个纵列都是同一种花色，也就是说每一个纵列需要有13张牌，且分别是A到K，当我们需要推理剩下哪些牌没有作答或是检查扑克牌作答是否正确时，我们需要对每副牌的每个种类进行一次检查。每一列牌的检查可以分为三小步，第一步先确定A、J、Q、K四张英文牌是否都在，接着按照从上往下的顺序，默念其中的数字，一次性默念9个对于我们来说有一定难度，我们可以分为两组，先默念4个，再默念5个，假设其中出现了两个相同的数字，将很容易被察觉。

当有两张牌无法确定正确顺序时，我们除了随机将两张牌放在两个位置上之外，还可以选择在这两个空格中都填写一样的内容，确保自己100%获得26分。

训练方法

马拉松扑克牌的训练方式与马拉松数字相似，都需要掌握长时记忆的节奏，以10分钟记忆项目为基础，制订长时记忆计划。有些记忆者在作答扑克牌的时候，为了方便书写，会使用作答数字的方式来代替填写答卷，笔者并不推荐这种方式。马拉松扑克牌的答卷填写同样是需要锻炼的。提高自己的作答速度，才不会在比赛中出现手忙脚乱的情况。

此处我们同样给出5级目标：

10分钟记忆项目：

1级目标：原始分4副扑克牌

2级目标：原始分6副扑克牌

3级目标：原始分8副扑克牌

4级目标：原始分10副扑克牌

5级目标：原始分12副扑克牌

30分钟记忆项目：

1级目标：原始分7副扑克牌

2级目标：原始分11副扑克牌

3级目标：原始分15副扑克牌

4级目标：原始分18副扑克牌

5级目标：原始分21副扑克牌

60分钟记忆项目：

1级目标：原始分12副扑克牌

2级目标：原始分18副扑克牌

3级目标：原始分24副扑克牌

4级目标：原始分30副扑克牌

5级目标：原始分35副扑克牌

世界纪录：原始分48副零38张

常见问题

如果在记忆的时候才发现我上交的扑克牌只有51张应该怎么办？

答：如果确实只有51张而不是我们推牌的时候不小心跳过了一张，只需要正常作答即可，在作答卷的下方用文字标注，倘若全部作答正确，将得到51分的原始分。

第十二节　其他记忆系统

在先前的篇章中，我们讲述了很多不同的记忆方法和策略，但是极少提到"系统"这个词汇。那系统是什么呢？它与记忆方法又有什么区别呢？让我们慢慢道来。

三位数系统

我们在本书的开头，就学习了如何将数字转化为图像，以及如何将扑克牌转化为图像，这种转化的方法，就称为系统。在前面的学习中，我们将每两个数字转化为一个图像，这样的转化方式称为二位数系统。相应地，倘若我们将每三个数字转化为一个图像，就称为三位数系统。

使用三位数编码，只需要记忆2个图像可以记住6个数字，是二使用位数编码记忆量的1.5倍。换言之，只要我们使用3位数编码进行记忆，记忆速度将会快上不少，虽然由于熟练度等问题，未必能达到理论上的1.5倍，但在熟练程度相同的情况下，掌握三位数系统的选手要比掌握二位数系统的选手记得快，且使用更少的地点就可以记忆同等的数字量。但要想使用三位数系统来记忆数字，我们就必须事先熟练掌握000~999共计1000个编码。这样的熟悉体量将要比二位数系统大得多。

二位数系统相较于三位数系统具有上手快、进步速度快，以及推理方便的优点，而三位数系统则具有比二位数系统更高的上限。

二卡系统

和数字的转化相对应，我们称将一张牌转化为一个图像的方式为一卡系统，称将每两张牌转化为一个图像的方式为二卡系统。使用二卡系统，仅需要记忆26个图像就能完成一副扑克牌的记忆，记忆量仅为一卡系统的二分之一。但完整版的二卡系统需要准备2652个编码（52×51=2652），这样庞大的编码量令许多选手望而却步。美国选手Alex和Lance对二卡系统进行简化，制作了"影子二卡系统"，仅需要1352个编码就能达到将任意两张牌转化为一个图像的效果。

PAO系统

Person-Action-Object System，即人物—动作—物品系统，简称PAO系统。PAO系统可以和二位数系统或三位数系统组合起来使用，以实现一次性记忆6个或9个数字的目的。

PAO系统的核心在于给每一个二位数数字或是三位数数字赋予三个不同但相关的编码，即人物、动作和物品，当这些数字位于不同的位置时，就将其转化为不同的编码。此处我们以二位数数字举例：

表 3-13　PAO 系统

数字	人物	动作	物品
12	婴儿	爬	奶瓶
13	医生	抚摸	针筒
14	锁匠	用手掰开	门锁

当我们记忆121314这六个数字时，我们可以想象婴儿用手抚摸门锁的画面。这样我们就可以使用两个图像来记忆6个数字，比直接使用二位数编码多记忆了两个数字，且仅需要300个编码。这个系统在扑克牌记忆中同样可以使用。

笔者认为，对于通过画面感来记忆的记忆者来说，PAO系统确实可以起到更好的记忆效果，但是对于笔者这种记忆方式较为灵活的记忆者来说，固定了动作将无法流畅地记忆，且无法解决人物难以区分的问题。

其他系统

除了上述提到的记忆系统之外，还有许多其他的记忆系统，诸如多米尼克系统、人物动作系统、2位辅音—元音数字系统等。外国的记忆爱好者在训练之外，还热衷于研究如何将要记忆的信息转化为更少的记忆量，从而缩短记忆时间。

有些系统确实存在明显的优势，有些还有很大的改进空间。我们没有必要一味否定自己的所使用的记忆系统。使用二位数编码和一卡系统，通过努力同样可以达到相当高的水平。

三位数编码的编写

在2019年的世界赛中，我被朝鲜队难以想象的实力所震撼，这唤醒了我一直不敢去尝试的想法：使用三位数系统。我已经将二位数系统练得非常熟练，而且在比赛中尚能保持比较高的竞争力，所以一直以来并没有想过要尝试复杂得多的三位数系统。但是2019年世界赛的震撼，让包括笔者在内的很多选手都意识到了三位数系统的优越之处。另外，我已经"玩"了五年二位数系统了，已经很久没有感觉到那种一步步进步的兴奋感了，也想着尝试一些新的东西。

在一个月的制作之中，笔者也积累了一些自己的心得，在这边分享出来，给有意愿选择三位数编码的记忆者一些思考的方向：

最开始，笔者是按照100~999的顺序，一个个进行编码，但是这个尝试很快就被中断了。因为很多的念头和想法会在我脑中浮现，感觉这个图像可以做一个编码，那个图像也可以做一个编码。如果暂时不管这些想法，等到之后需要的时候，可能就已经忘记了之前想到的内容。因此不管什么时候，只要有任何想法，我都会记录下来，将可以当作编码的图像名称统一记录在一个地方，等到有空的时候，就一次性将存着的想法依次匹配上合适的数字，完成编码的制作。

笔者经常会在想到一个合适的编码之后，产生一系列与这个图像相关的联想，如想到铅笔之后，就自然而然地想到橡皮、铅笔刀、笔筒等。这些相关的东西同样可以作为编码，因此我也会将这些想法一一记录下来，之后一并进行制作。

下面笔者来讲一下编码的方法：

第一步看这个数字是否有特殊含义，例如：110、120、996、520等数字可以直接根据特殊含义进行编码。

第二步看形状，例如：111可以对应栅栏。

第三步则是常规的操作，通过谐音进行编码。一开始笔者是比较没有章法地根据常识去联想，后来逐渐也摸索出了一些常见的规律，比如数字一般都是对应特定的几个发音，我因此总结了一张谐音表：

表 3-14

数字	发音
0	0可对应l, n 两个声母，在必要的时候，也可以选择不发音，例如：给103联想谐音时，只用y, s去联想即可。
1	1一般对应的是y，也可以选择不发音。
2	2一般可以选择不发音，也可以联想成声母t、韵母er, e, a, o。
3	3对应的是s, x。
4	4对应的是s, z。
5	5对应的是w, h, g。
6	6对应的是l, n。
7	7对应的是q, j, p。
8	8对应的是声母b, d, m，以及韵母a。
9	9对应是j, g, q。

例如：我们在编码"856"的时候，可以根据对应的表格，联想到bwl，在输入法中输入即可得到"暴王龙"，因此可以将"暴王龙"与"856"进行对应。在进行编辑的时候，要善于使用手机或是电脑的输入法来辅助我们联想。

再举一个例子，当我们编码"936"的时候，如果我们输入"jsl"没有找到合适的词语，则可以根据谐音表的其他选项，选择gsl, gsn, jxn等若干不同组合进行尝试，直到得出满意结果为止。此外，并不是每一个谐音都可以直接联想到我们想要的答案，有些时候我们还要对联想到的词汇进行第二次联想，例如：936，笔者最后检索到的是"古希腊"这个词汇，它无法直接生成图像，还需要在网上检索与古希腊有关的资料，挑选可用的物品作为编码图像。

如果使用普通话进行检索无法找到合适的词汇，我们还可以尝试通过粤语，甚至音符进行检索。

虽然每一个编码各不相同，但是都可分类为：文具、玩具、工具、家具、植物、动物、食物、宇宙等，当然还可以加入一些科幻或是动漫中存在的事物。

当我们发现，自己的思维似乎已经枯竭，想不到什么可以作为编码的新东西的时候，说明已经进入编码的中期了，到了这个阶段，笔者在经历一系列思想斗争之后，降低了对编码的要求。笔者原本对每个编码都很挑剔，要求每个编码的区别很大，但是随着制作的进行，似乎很难再想到差异如此大的新编码了，因此最后选择了妥协。

要想在使用三位数编码的时候，不会因为编码相似而混淆，除了仔细寻找类似编码的差异之外，还需要灵活处理联结关系，不能再遵循原本的主被动。例如：米饭、飞机两个编码，想要用米饭直接对飞机做出动作，虽然不是不可以，但是似乎不够生动，但是若是灵活处理联结关系，想象自己吃完饭去坐飞机，就会自然很多。

当好久都想不到什么新编码时，很容易产生放弃的想法，但是只要坚持下来，这些困难都可以被克服的。心平气和地去发散思维，最后总能找到合适的编码。不要急于一时，说不定突然间就能发现一个自己从来没有想到过的方向，随即又可以联想出一系列相关的编码。

在这个阶段，还容易遇到一个问题：我们想到了一个编码，它适合某一个数字，但是这个数字上已经存在其他物品了，这时候我们需要进行一些调整，试下这两个冲突的编码中，是否有一个用其他数字也可以表示的，例如：保龄球除了可以用"809"表示之外，用"807"一样可以说得通。此外，我们还可以看看是否有的编码能用其他方式表达，例如，"涂改带"对应编码"298"，但是它同时也可以称为"修正带"，对应编码"498"。经过一些协调和换位，每个编码总能找到它合适的位置。

当我们距离成功越来越近的时候，除了那些拼音很难联想到合适物品的数字之外，最大问题就是，新想到的编码很容易和前面的编码重复或者非常类似，无法被使用，这时就进入编码编制的后期了。无论我们如何去变化拼音组合，还是很难找到合适的选择，但是到了这个阶段，想要完成编码的欲望就会越来越强，走在路上，都会看看街头还有什么可以作为编码的东西。其实只要努力想想，多多发散思维，1000个编码总是可以完成的。

在制作的过程中，笔者也参考了好几套网上所能找到的编码，虽然大多数编码的逻辑跟笔者并不相同，无法直接使用，但还是为笔者提供了一些思路。因此在没有思路的时候，我们要善于参考所能找到的前人编制的编码。我们不需要知道他的编码中每一个编码和图像是如何对应起来的，只需要觉得这个图像符合自己的编码逻辑，可以拿来使用即可。每个人的思考方式是不同的，没有照搬他人思路的必要。

制作这900个新编码，几乎将这么多年储备的知识和常识掏空了，但在此期间，笔者也认识到了很多新的、以前不知道的物品。二卡所需要的2652个编码到底是如何被编出来的，笔者实在无法想象。

以上就是笔者在制作三位数编码时的一些心得和感想，希望对有兴趣编写三位数编码的读者有所帮助。

第四章
训练心得

在依次学习了记忆比赛十个项目的记忆方法之后，接下来还需要掌握如何安排这十个项目的学习顺序，讲述从零开始学习竞技记忆的训练过程，并为大家解答一些训练过程中常见的问题，以及分享一些笔者的训练心得。

第一节　训练流程

笔者下面所述的训练流程是按照非全职训练的记忆爱好者，通过一年的训练，参加该年年末的世锦赛并取得"世界记忆大师"证书为目标而制订的。读者需要根据自己的实际情况和需求，在参考此流程的基础上，制订适合自己的训练计划。

正式训练始于编写并熟悉数字编码，记忆者需要进行读数训练，做到在看到数字之后可以快速地反应出图像。

接下来就要进行40个数字或者扑克牌读牌的训练。前期往往不需要同时训练数字和扑克牌两个项目，只要练习其中一个，另外一个的水平自然而然也会跟着提升。此时我们不需要找太多的地点，只需要有几十个地点即可。当我们将扑克牌记忆的速度提升到90秒或者80个数字的记忆速度达到80秒，就可以开始学习另外一个项目了。我们要尽早培养自己使用另一副扑克牌进行复牌的习惯，数字记忆也要采用默写而非背诵的形式进行作答。

这一阶段我们不需要记忆太多数量的信息，读数、联结和带桩联结才是这一阶段最需要做的事情。每天联结的数量取决于我们一天当中能够分配给记忆练习的时间。笔者并不建议前期进行太大量的练习，10~20副的扑克牌联结和记忆两次扑克牌就已经是非常可观的训练量了。反思和总结，调整自己对图像的处理模式将要比一股脑地训练重要得多。

随着记忆水平的提高，所需要的地点也将越来越多，这个时候便进入了第一次地点数量大增的阶段。我们可以一次性寻找数百甚至上千个地点，帮助我们更好地进行下一个阶段的训练。

当我们5分钟可以记忆200个数字，70秒可以记忆一副扑克牌之后，就可以陆续开启人名头像、随机词汇、随机图形、二进制数字、虚拟历史事件这几个项目的训练。在保持每天进行一轮5分钟数字、一副扑克牌记忆，以及适量的读联训练的前提下，依次将上述的项目加入平日的训练中。每加入一个项目，就需要花几天的时间熟悉这个项目的记忆流程，如二进制数字需要训练翻译、虚拟历史事件项目需要练习提取关键词等。当我们初步熟悉了这个项目的训练方式之后，就可以加入下一个项目，直至掌握所有项目的练习方式。

往后的每一天，数字和扑克牌项目仍然是每日都需要练习的主要项目，剩余的项目我们可以根据时间安排，分为两日交替进行，每天练习2~3个项目。这一阶段，所有项目都只要按照短时赛的赛制进行训练即可。当训练疲劳或是遇到瓶颈的时候，我们则根据需要适当停止一小段时间的训练，给地点和自己的大脑一段休息的时间。

上半年的比赛相对较少，对于第一年接受训练的选手来说，并无参加的必要。但从7月开始，比赛就渐渐多了起来。想要参加年末世锦赛的选手，这个时候需要开始练习马拉松项目和听记数字项目了。因此我们进入第二次地点数量大增的阶段，根据快速数字和快速扑克牌现阶段的记忆水平，我们可以大致推算出每个项目所需要的地点，并根据需求进行寻找。在训练的过程中，我们常常会将某些地点专门用来记忆对应的项目，导致这些地点和项目逐渐产生黏性，此时我们不宜做出改变，用这些地点去记忆其他的项目。

下半年开始，我们需要适当提高自己的训练量，以应对从10月开始的记忆比赛。倘若我们想参加WMSC的记忆比赛，则需要通过城市赛、中国赛和世锦赛的三重考核（在10月举行的城市赛中表现优异的选手将晋级中国赛，在11月的中国赛中表现优异的选手将晋级12月世锦赛）。此时的每一次参赛，都将使我们各方面的水平得到提升，与此相对应的，我们将需要更多的地点以满足我们的记忆需求。

在全方面提升的同时，我们还会逐渐发现自己的优势项目和劣势项目，并认识到有些项目即使得到很高的原始分，由于算分系数的关系也无法得到可观的项目分。因此，我们要选择性地加强我们的优势项目，拔高性价比很高但是我们并不擅长的劣势项目，对于性价比很低且自己并不擅长的项目，则可以选择性地放弃，保持原有的水平，不需要继续提升。

每场比赛开始之前，我们一定要按照比赛的流程进行一两次的模拟测试，以找到比赛的感觉，发现平时没有发现的细节，及时做出调整。倘若仅仅做了十个项目的单独训练，在比赛的过程中将无法处理各种突发状况。

第二节　团体集训

和个人凭借自觉进行训练不同，以团队的形式进行训练更能激发记忆者训练的积极性。记忆者将和一群抱有同样目标的伙伴，共同度过一段时间的集体生活，并在教练的安排和指导下，进行统一或单独的训练，定期进行测试。教练的针对性指导以及团队成员的相互鼓励和良心竞争将更能使记忆者坚持训练并快速成长。

一名合格的教练善于发现学员的特点，尊重每一个学员的决定，帮助他们扬长避短，使用自己擅长的记忆方式进行记忆，并为他们建立信心，根据他们的需求对他们进行培养。

记忆者在一个阶段的集训中，或许并没有取得肉眼可见的进步。但在一个月集训过后，进行一个星期左右的休整，就会发现自己的综合水平在不知不觉间得到了爆发式的增长，这一点在第一年训练的新选手中尤为明显。

第三节　选手采访

为了帮助读者们更清晰地了解记忆者的训练过程，笔者采访了三位训练不满一年的新选手，其中一位是初中二年级的学生，另一位是在读大学生，还有一位是全职训练的选手。三人的训练方式和记忆模式截然不同，却都在2021年WMSC中国记忆锦标赛上取得了优异的成绩。她们的经历都各有独特之处，定能令读者们对竞技记忆有更清晰的认识。

我们先来看看笔者对第一位选手，来自湖南的初中生欧阳语涵的采访节选：

笔者：想先请问一下，你是怎么开始学习记忆法，特别是学习竞技记忆的呢？

欧阳同学：我之前喜欢看《最强大脑》这个节目，看到里面有很多选手的记忆力十分惊人，就很佩服他们的记忆力。然后我就跟妈妈说，我也想学习一下记忆法，于是找到了《最强大脑》里面很厉害的选手王峰，开始学习记忆法。一开始学习了数字编码，还有一些基础的记忆的步骤，然后了解到人类大脑的知识以及人类记忆遗忘曲线规律。之后知道了有世界记忆锦标赛，对它很感兴趣，然后就慢慢地走上了比赛的道路。我是2020年4月开始接触记忆法的，2021年的6月开始正式学习竞技记忆。

笔者：对你来说，训练会跟学习时间起冲突吗？你是怎么分配训练和学习时间的呢？

欧阳同学：放暑假之前的话，感觉还没有怎么训练。放暑假的时候，去武汉东方巨龙那边训练。之后决定今年（2021年）我要拿到记忆大师，然后我下半学期才开始边上学、边训练。之前的话，城市赛就是在学校里面，完成作业之后，利用晚上的时间训练两个多小时，然后觉得比较累，每天训练完几乎都是11~12点了。城市赛后，我跟学校申请了两个月的假，到武汉备战中国赛和世界赛。后面因为比赛延期，且学校提出了要求，说我期中考试没有参加，期末考试必须要参加，于是我就又回学校读了半个月的书，然后利用那半个月的时间，补上这两个月掌握的知识，参加了期末考试。没想到，这次期末考试还在班上拿了第一名。

笔者：原来如此，你的自学能力很强呀！在武汉训练期间，你就有坚持自学学校的课业吗？还是回到学校才开始学习的？

欧阳同学：在武汉基本上都是以训练为主，每天大概训练十个半小时。如果还有多余的时间的话，就会看一看班里面同学给我发的一些笔记之类的，也不会学太多，大部分的课程其实还是在回学校之后补上来的。

笔者：你在学校的时候，同学们看到你在训练以及长期不来学校，他们会不会很难理解你？

欧阳同学：我请假，有跟老师说明原因，但同学们是不知道我请长假的。我走了之后，我的班主任老师跟同学们解释清楚了，等我再回学校准备期末考试的时候，他们就跟我说："哎呀，班长，你没来的这段时间我们都很想你！"之类的。因为我现在读初二，这些同学初一的时候就已经认识了，相处了一年多，在武汉这一段时间，听老师说，他们一直在盼我回来。

笔者：俱乐部里面有很多跟自己不同年龄段的哥哥姐姐、叔叔阿姨，你觉得跟他们相处与跟班上的同学相处有什么不一样？会不会不适应呢？

欧阳同学：我觉得不会有不适应的地方，就是一个新的圈子嘛，大家其实都还挺友好的，有各种问题都可以相互讨论，大家都很照顾我。

笔者：在期末考试后，你是回到武汉继续训练还是留在家里？

欧阳同学：期末考试完，我就又到武汉坚持训练，包括这个春节，我都是在武汉训练中度过的。今年是我第一次离开父母，自己在外地过的年。我妈妈其实也不是很放心，因为春节的那一段时间，在基地的那些教练都回去了。但是我跟我妈妈说，在武汉训练，是为了我们一个共同的梦想：拿到记忆大师的证书。马上就要比赛了，如果回去过年的话，可能会受到各种各样外界的影响，所以最终还是决定留了下来。

笔者：你说在基地一天要训练十个半小时，是一直都这样，还是临近比赛之后训练时间才越来越长的呢？可以大概说说你一天的时间安排吗？对于一个初中生来说，这样密集的训练感觉好像太过辛苦。

欧阳同学：武汉那边的集训规定的训练时间是九个半小时，但我们一般都会练到比规定时间更晚一些，大概11点钟才结束训练，就有十个半小时。去了基地之后一直保持的是这样子的训练状态。基地的训练时间是上午8点钟到12点钟4小时，下午是2点钟到6点钟4小时，晚上是7点钟到9点钟2小时，上午和下午可以休息15分钟，晚上没有休息。

笔者：训练期间，你是什么时候知道自己的成绩有把握今年拿到大师证的呢？换句话说，你训练的成绩是一帆风顺地上升，还是会遇到一些困难呢？

欧阳同学：每一次世界赛的模拟，我有三项达目标，就有一个坎：马数，它对我来说有点困难。标准是1400个，而我一直在1200~1300这样的成绩徘徊，正确率提不上去，是我的教练夏老师帮我一起来解决这些问题的。春节那几天测了几次马拉松，成绩就是刚好压线过了，其实也还是比较悬，但已经没有时间继续练，就直接来比赛了。然后中国赛的前一天，老师还一直在跟我做技术上的指导和心理上的准备工作。真的要非常感谢我的教练夏老师，他真的很认真负责，是一个非常好的老师。

笔者：你的妈妈有时间到现场看你比赛吗？听你前面说的，她应该比较忙。

欧阳同学：这次世界赛，我妈其实也来了。她来这边给我加油打气，她在我就会比较安心一点。我有一个读小学三年级的妹妹，所以平时她得留在家里照看我的妹妹，还有就是家里的那些事情需要处理，也比较忙。

笔者：想问下这一次的经历对于你来说，你觉得收获了什么？

欧阳同学：在保证课业不倒退的情况下，还要完成自己的一个小梦想，我觉得这一次经历对我来说其实更多的是一种挑战。在这一次经历中，我不仅收获了和一起训练的队友之间的友情，还使自己的意志得到磨砺，懂得了通过努力去追逐梦想。这可能是我待在学校里所无法得到的。

我们再来看看笔者与第二位选手，来自青岛的大学生张露帆的采访节选：

笔者：想先请问一下，你是怎么开始学习记忆法，特别是学习竞技记忆的呢？

张同学：在学校因为一次特别偶然的机会，听到阮老师的有关记忆法的讲座，因此产生了兴趣。再加上一家人都很喜欢看江苏卫视《最强大脑》的节目，所以就想要练一下，一探究竟。

笔者：那你是先利用琐碎的时间学习扑克牌和数字，一点点学起，还是直接进行全日制的训练呢？

张同学：我一开始先接触了一些实用记忆，记单词什么的，最后才接触了记忆宫殿，7月中旬的时候才正式开始进行训练的。学完十大项目以后就开始备战8月22日的亚太城市赛。

笔者：请问你是先学习数字，还是数字、扑克牌同时开始学的呢？

张同学：先学习编码，熟悉编码后开始练数字，过了大概两周才开始练扑克。

笔者：我看到你快速扑克牌的最终成绩是37秒，短短的几个月可以练到这种程度真的很厉害，请问你扑克牌项目的进步过程是怎么样的呢？

张同学：我在8月22日的比赛中，两轮快速扑克牌项目的成绩分别是三分半和两分半，比完以后歇了几天，再测的时候，就是一分半了。我一天读联30次左右，然后记忆两轮。到11月的时候，我记两遍最快的时间是一分多一点，但发现记忆两遍进不了40秒，因此开始改为一遍过，接下来好长时间都记不对。这是因为我之前都是记两遍，突然改成记一遍就有点难适应，直到1月才能一遍记对。我将读联的速度先放慢，然后找到一个固定的节奏，将有效读联的时间控制在28秒，就能记住了。有一次，阮老师问我怎么还没记对。我就说再宽限一周吧，然后第2周测试就记对了。我在记忆速度上没有遇到太大的问题，但在处理准确率上花费了一些时间。

笔者：我看到你这次比赛的快速数字成绩不是太理想，请问是没有发挥好，还是平时练得比较少呢？

张同学：我不喜欢数字，9月就练到5分钟200个了，但之后就不愿意练数字了。

笔者：每个人都有喜欢的项目和没那么喜欢的项目，这很正常。你的人名头像记忆方法跟胡嘉臻一样，放在往年的中国赛中一定能拿前三名（这次原始分118，拿了全国第四）。你是一开始就找到这种记忆感觉的吗？

张同学：一开始就这样，但是我当时不知道别人不是这么记，第一次记，5分钟对了36个。而且我也不练人名头像项目，就一周大测的时候记。

笔者：你是什么时候开始觉得自己今年有把握拿到证书呢？

张同学：我比赛不是为了拿到证书，觉得既然练了就练到最后，如果能拿到就最好，拿不到也没关系。我是小学教育专业的学生，我练一下，以后我的学生也能有所受益。

笔者：请问在学校里面上课的时候，一天能保持多少训练量呢？

张同学：白天基本没时间，我尽量把晚上的时间空出来练两三个小时，周末阮老师给我测试，只不过没有时间跑马拉松。

笔者：你在训练的半年间有什么印象深刻的事情吗？

张同学：有一次我和队友都没地点用了，然后就大雪天去找地点，那一阵子青岛下雪，景区里人都不多。我俩大半天走了两万多步，整个人都麻了，当然还是有不少收获。

接下来，我们再来看看笔者与第三位选手，来自文魁大脑俱乐部的全职训练选手庞玉琪的采访节选：

笔者：想先请问一下，你是怎么开始学习记忆法，特别是学习竞技记忆的呢？

庞选手：最开始是因为看了江苏卫视的《最强大脑》，以为那些选手都是天才，后来听说王峰是做记忆法培训的，才知道原来记忆是可以后天练习的。然后就在网上搜索了有关记忆法的培训，发现很多最强大脑的选手都是袁文魁老师的学生。通过微博联系到俱乐部，开始了解记忆法的课程，最开始是学了实用记忆法，后面发现我可以半天时间背完《千字文》，那时我发现一个普通人通过练习也可以做出不可思议的事。我问袁老师，我是否能够成为记忆大师，袁老师说每个人都有机会，于是我就抱着试试看的想法从当年3月开始练习，没想到这一练就是大半年。越来越沉浸在这种练习中，每次进步都会让我极度兴奋，越进步越想要有大的突破。

笔者：想问下你是先学习数字，还是数字、扑克牌同时开始学的呢？

庞选手：我是先练数字，数字编码熟了以后，开始读牌。因为扑克记忆和数字基本一样，只是多了扑克转换为数字的过程，所以我觉得数字基础非常重要。我第一次尝试记扑克，8分钟就记完了，第二次5分钟，这都是因为有数字的基础。我记扑克很少会错，尤其是不考虑时间的时候。最早练习的时候，两三分钟记忆40个数字，每天5次，全对了才会练记忆80个。

笔者：请问你扑克牌项目的进步过程是怎么样的呢？

庞选手：扑克牌应该是我进步最快的一个项目，大概10个月的时间，从零基础到30秒。第一次是8分钟记完一副，第二次开始就5分钟了，5分钟到3分钟用的时间最短，只用了半个月。3分钟进入一分半，大概不到一个月，进入一分半之后，就开始比较困难了，算是瓶颈期了。一分半到一分钟之内，耗费了很多精力，这期间，就需要大量联结。我每天是204副扑克联结，应该是全俱乐部最多的一个。当然，它给我的回应也非常让我满意。我扑克很快就40秒了，大概只做了一个多月的联结。进入40秒之后我开始减量，每天联结102副，坚持到杭州的亚洲记忆运动会结束。30秒到25秒是另一个过程，我在30秒左右卡了几个月。直到我用另一种方法突破了25秒，就是不管正确率，只重视提速。因为这个时候形成了习惯，要打破这种习惯，只能选择先突破时间，前提是我之前扑克正确率非常高❶。

笔者：请问你比赛的时候会紧张吗？

---

❶即笔者在前面的章节所说的，习惯了一种节奏，带来稳定的同时，也会形成进步的阻碍。

庞选手：第一次比扑克的时候，反而不紧张，因为我自己私下里正确率很高，所以我不会担心对不对。我就对自己说："无论多久，对了就行。"所以在郑州的城市赛，我第一把42秒全对，对了以后我就不担心了，第二把非常放松，最后35秒全对。在城市赛的时候，第一把35秒全对，觉得很满意，所以第二把就想冲一下，然后29秒就对了，这两次的比赛让我对扑克项目更加自信了。这次国家赛因为没有过扑克的压力，就想快一点，结果两次都没对。我总结了一下，是因为想太多了才会失败，之前一直就是顺其自然，脑袋放空，心态有时候比技术更重要。

笔者：那在数字方面，你是不是也保持和扑克牌齐头并进的趋势呢？

庞选手：相对于扑克来说，我的数字项目就磕磕绊绊了。最开始5分钟也就能记80个，有时候还不能全对，数字的正确率时好时坏。后来我发现，我记数字的时候总会担心记不住，总要回想之前那个有没有记住，这会导致分神。有一次，我全神贯注地记忆，只关注当下一个地点桩，记完以后就不去回想有没有记住，整个处于一个顺其自然的状态，然后就全对了，从第一个写到最后一个没有卡顿。慢慢地我越来越能找到这种感觉，数字的正确率就稳住了。之后记5分钟数字，我就开始加量，每次加20个。看完两遍自己能记住的量，再往下看20个，20个稳住，下次就看比上次多20个的量。我平时只练数字和扑克，所以在杭州比赛的时候，扑克和数字就拿了铜牌，可能这就是付出与回报相匹配吧！

笔者：请问你们俱乐部每天都会测试5分钟数字吗？每天测试的话，自己要是摸索到一些其他的感觉，会不会不敢尝试，怕影响测试成绩？

庞选手：我们俱乐部每天都有测试，我都是在测试中找到自己的量。刚去的时候，我测试都很焦虑，测多了以后，就不那么在意成绩了。所以只要全对，下次我就会加量，不会在一个阶段停留太久。在360~440个这一阶段，我停留的时间很短，就是大胆地加量，比起之前，进步更快了。当然，赛场上不一定全部都发挥那么好，我们训练的目的也不只提高上限，提高下限也重要，这样一来，再错也能保住280~360个。

笔者：一般来说，马拉松数字跟快速数字会使用稍微不同的速度，扑克也是同理。所以想请问一下，你在记忆长时项目的时候，也是这样吗？

庞选手：相对来说，我不擅长长时项目，我长时项目跟短时的不匹配。马拉松扑克我只能记21副，剩下时间也不敢多记。其中也有一部分心理问题，总怕记多了前面就忘了，所以第一年训练，我想能达到大师标准就行了，数字也是记2000个左右就不往下进行了。我马拉松慢的原因可能是地点没有快速数字的那么好用，因为除了快速数字的地点，其他的地点都不能用来记快数。

笔者：你快速数字的地点是每天都在使用也能维持正确率吗？

庞选手：是的，每天都用，所以好用，快扑和听记也是。我是用摆图的方式记忆的，不需要破坏地点，通过练习1000联结就能提高记忆速度。

笔者：你们俱乐部成人组的选手多吗？良性竞争是不是很有益于相互促进？

庞选手：是的，成年人很多。大家一起练，比较有氛围，而且测试像赛场，到了真正的赛场就不紧张了。我们俱乐部竞争起来比较激烈，每个人都有自己的小目标，但大家都是良性竞争，别人想要追上我，我怕被追上。我们俱乐部的人非常团结，大家关系很好，互相帮助，有进步就马上互相分享。

笔者：在训练的过程中遇到的最大困难以及最有趣的事情分别是什么呢？

庞选手：我最大的困难就是心态了吧！因为生活琐事比较多，稍微遇见困难，心态最先崩，所以有个良好的心态非常重要，其次就是要保护好身体，因为生病就会耽误训练。趣事那可能太多了吧！俱乐部的伙伴们每天在一起都会有很多开心的事情，还有就是看见自己进步以及拿奖的时候，拿奖是对自己努力的认可。其实，拿大师称号也好，拿奖也好，这只是训练的一部分。最珍贵的事情就是整个训练过程、这个过程带来的幸福，还有看着自己的进步。

笔者：除了上面提到的事情之外，你觉得训练的这段日子里最大的感悟或者心得是什么？

庞选手：先设定好自己想要的目标，然后做好长期、中期以及短期的计划，然后按照计划一点点去达成，沉浸于当下的训练，有目标但是不执着，只要努力了，一切的结果都是最好的。

以上是对这三位选手的采访内容，从上述的三段对话中，我们可以看到全职与非全职的记忆爱好者在备战同一场记忆比赛时所处于的不同状态，他们所使用的记方法以及记忆策略和训练模式，都与笔者不同，但都能在比赛中获得优异的成绩。同样地，我们自己在训练的过程中，一定也会看到很多记忆者的记忆方法和练习方法与自己不同，但我们并不需要一味效仿其他人的训练模式，在参考他人的模式之后，要根据自己情况进行判断，吸取适合自己的经验。

有些记忆者适合接受高强度的训练，在这样的训练中成绩会得到立竿见影的提高，有些记忆者则难以适应密度过大的训练模式，在宽松的训练模式中反而更容易取得进步。我们不需要看到有记忆选手通过大量训练取得了好成绩，就将此作为获得进步的唯一方式。要根据自身的特点，为自己制订最适合自己的训练方案。只有我们享受训练的过程，而不是把它当作一种负担，才能更好地坚持下来。

第五章
比赛心得

在最后的篇章中,笔者将分享这8年来参赛的一些心得体会,这些信息较为繁杂,但是都非常的实用,也是笔者认为记忆比赛最大的魅力所在。笔者相信,无论是在赛前还是在平日,阅读这一篇章的内容,都能得到些许竞技记忆道路上的启发。

第一节　赛前准备

我们可以在各个组织的官网或公众号中得知当年的赛事信息，包括赛事名称、国家（地区）、城市、日期、报名费用、赛事奖金等。报名费用并不是定额，每场赛事会由于各种不同的因素而制订不同的价格，一般费用都在几百元至一千元。

当记忆者缴纳报名费、报名成功时，尤其是第一次参赛的记忆爱好者，往往会非常亢奋和紧张。越是重视和热爱这项运动，这种紧张的情绪就会越发强烈。但我们要控制好自己的情绪，不要因此影响自己的正常生活和训练状态。不需要太早地购买机票、火车票及定旅店，因为比赛时间虽然已经公开，但是由于人员调整和不可抗力的因素，仍然有改期的可能性，过早地支付差旅费，万一出现改期将会产生财产的损失。

出行前，我们需要确保自己准备好了必备的证件及复印件、足够量的扑克牌、尺子、铅笔、水性笔、橡皮、透明模板、魔方计时器、训练材料、换洗衣服、雨伞等，有些比赛还需要准备小一寸的证件照。一般来说，我们只要在开赛前一至两天到达赛场即可，不需要过早。很多选手会抓住难得的出行机会，在比赛的过程中顺便进行旅游，但在比赛之前，我们不宜玩得太过尽兴，否则容易影响比赛状态，但是稍微放松是没有问题的。

在比赛前，我们要及时去赛场签到，提交扑克牌等一系列资料（具体需要上交的东西，以赛事公告为准），领取参赛证。一般来说，比赛都在酒店的会场里进行，但有时也会选择科学馆、体育馆、图书馆之类的大型场所。有时比赛的酒店房间价格较为高昂，我们可以选择在其附近居住，但所定的旅店也要尽可能地离赛场近一些。

每次记忆比赛都会将许多记忆爱好者聚集到一起，其中不乏我们已经认识的老朋友和不知不觉间认识的新朋友，有机会的话，大家可以一起聚餐，交流训练与比赛的心得以及自己的所见所闻。

选手会在签到时知道自己的座位（有时会在签到之后才公布座位）和本场比赛的时间安排。一般来说，组委会在安排座位的时候，会为综合世界排名靠前的选手安排前一至三排的位置，这些位置称为热点区或高手区。一些尚未获得世界排名但具备对应实力的选手也会被安排在这些位置（第一次参赛的选手在比赛的过程中若能展现出相对应的实力，将有可能在比赛进行到一半的时候被调去前面的位置），其余选手会按照年龄组别随机分在不同列的座位上。倘若场地足够宽敞，每位选手都将拥有一张自己的桌子，否则的话，选手通常需要两个人共用一张长桌，中间有隔板隔挡，避免相互干扰。高手区的选手由于所需要记忆的扑克牌较多，且为了让他们尽可能不受干扰地发挥自己的水平，不可避免地会得到组委会的资源倾向，大部分时候仍然能获得一张单独的桌子。

由于选手的座位相对密集，前后左右的选手还是无可避免地会出现一定程度的相互影响。一般来说，恶意地发出噪声是会被裁判警告和驱逐的，但是一些选手是在正常记忆中习惯出声或者不频繁地咳嗽和打喷嚏，是不会被取消比赛资格的，需要周围的选手自行克服。

在比赛开始前一天，我们可以到赛场上先熟悉一下环境。每个选手的桌子上都有一块自己的名牌，这块牌子是为了方便选手找到自己的位置。在比赛的过程中，若是觉得它阻碍到视线，可以将其放在地面上。饮用水和随身物品都是可以带进赛场的，和名牌一样都需要放在自己身边的地面上。手机则需要静音或关机后放在书包里（切记关掉闹钟）。我们可以携带一些零食和饮料，在自己需要的时候补充能量。但笔者并不建议在比赛的过程中饮用功能性饮料，虽然比赛规则中没有禁止，但是喝完饮料后产生的燥热感会令人心神不宁，无法集中注意力。

赛场正前方通常都有一个大屏幕来显示时间，因此选手即使没有自己的秒表，也几乎不用担心无法感知时间的问题。选手到赛场后可以先落座，确定在自己的位置上可以看到大屏幕。此外，我们还需要确定自己所在位置的体感温度。倘若被安排在风口的位置，觉得风力太大，或是冬天的时候，室内的暖气不足，都可以随时向组委会或裁判提出。若是在组委会的能力范围内，他们都会想办法解决这些合理的要求。但是倘若条件所限，无法解决，也需要选手自行克服。

图5-1 比赛座位图

不同的赛事有不同的时间安排，根据现场的实际情况也会临时进行调整，相同的赛事内容也不一定在固定的天数内完成。笔者所参加的比赛，几乎没有一场能完全按照时间表的时间进行的，因此选手需要在比赛时，及时留意赛事的最新消息，避免错过某一个项目。笔者也曾经历过由于台风天气影响，将比赛推迟到深夜的情况。但此处我们还是给出了一份G.A.M.A.赛事的时间安排表给大家作参考。

首先是短时赛事，短时赛事多为分两天进行，但偶尔也会出现一天进行十个项目的状况，这对选手的精神是一个非常大的考验。

一天比赛（短途）

时间	项目	记忆	回忆
0800-0900	选手登记		
0900-0930	开幕式		
0940-1010	人名头像	5分钟	15分钟
1020-1050	二进制数字	5分钟	15分钟
1100-1135	随机词汇	5分钟	20分钟
1145-1300	随机数字	15分钟	30分钟
1300-1400	午饭		
1400-1450	扑克牌记忆	10分钟	30分钟
1500-1530	快速随机数字 (1)	5分钟	15分钟
1540-1610	虚拟事件和日期	5分钟	15分钟
1620-1650	快速随机数字 (2)	5分钟	15分钟
1700-1730	随机图形	5分钟	15分钟
1740-1820	听记数字	100/300秒	5/15分钟
1830-1900	快速扑克牌	5分钟	5分钟
1930-2030	闭幕式		

*听记数字次数由裁判根据情况而定

两天比赛（短途）

第一天	项目	记忆	回忆
0800-0900	选手登记		
0900-0930	开幕式		
0940-1010	人名头像	5分钟	15分钟
1020-1050	二进制数字	5分钟	15分钟
1100-1135	随机词汇	5分钟	20分钟
1145-1245	午饭		
1245-1315	快速随机数字 (1)	5分钟	15分钟
1325-1355	虚拟事件和日期	5分钟	15分钟
1405-1435	快速随机数字 (2)	5分钟	15分钟
1445-1535	扑克牌记忆	10分钟	30分钟
1545-1600	成绩公布		
第二天			
0845-0900	成绩公布		
0900-0930	随机图案	5分钟	15分钟
0940-1035	随机数字	15分钟	30分钟
1045-1055	听记数字	100秒	5分钟
1105-1135	听记数字	300秒	15分钟
1135-1300	午饭		
1300-1320	快速扑克牌 (A1)	5分钟	5分钟
1330-1350	快速扑克牌 (B1)	5分钟	5分钟
1400-1420	快速扑克牌 (A2)	5分钟	5分钟
1430-1450	快速扑克牌 (B2)	5分钟	5分钟
1530-1730	闭幕式		

*听记数字第二轮的数目可根据要求加至世界纪录的额外的20%

中时赛制的比赛，G.A.M.A.多为分两天进行，但是WMSC的赛事如今则改为分三天进行。选手们需要多留意自己所参加赛事的赛程安排。

两天比赛（中途）

第一天	项目	记忆	回忆
0800-0900	选手登记		
0900-0930	开幕式		
0940-1035	人名头像	15分钟	30分钟
1045-1225	二进制数字	30分钟	60分钟
1225-1325	午饭		
1325-1355	随机图案	5分钟	15分钟
1405-1435	快速随机数字(1)	5分钟	15分钟
1445-1515	虚拟事件和日期	5分钟	15分钟
1525-1555	快速随机数字(2)	5分钟	15分钟
1605-1745	扑克牌记忆	30分钟	60分钟
1745-1800	成绩公布		
第二天			
0845-0900	成绩公布		
0900-0955	随机词汇	15分钟	40分钟
1005-1145	随机数字	30分钟	60分钟
1145-1245	午饭		
1245-1255	听记数字	100秒	5分钟
1305-1335	听记数字	300秒	15分钟
1345-1430	听记数字	550秒	25分钟
1440-1500	快速扑克牌(A1)	5分钟	5分钟
1510-1530	快速扑克牌(B1)	5分钟	5分钟
1540-1600	快速扑克牌(A2)	5分钟	5分钟
1610-1630	快速扑克牌(B2)	5分钟	5分钟
1700-1900	闭幕式		

无论是哪一个组织的比赛，都只有世锦赛会采用长时赛制，即存在1小时记忆项目。G.A.M.A.多为分三天进行，WMSC的赛事有时会在三天内完成，有的时候则设定为四天。

三天比赛（长途）

第一天	项目	记忆	回忆
0800-0900	选手登记		
0900-0930	开幕式		
0940-1035	人名头像	15分钟	30分钟
1045-1225	二进制数字	30分钟	60分钟
1225-1325	午饭		
1325-1635	随机数字	60分钟	120分钟
1635-1700	成绩公布		
第二天			
0845-0900	成绩公布		
0900-0930	随机图案	5分钟	15分钟
0940-1010	快速随机数字(1)	5分钟	15分钟
1020-1050	虚拟事件和日期	5分钟	15分钟
1100-1130	快速随机数字(2)	5分钟	15分钟
1100-1230	午饭		
1230-1540	扑克牌记忆	60分钟	120分钟
1540-1600	成绩公布		
第三天			
0845-0900	成绩公布		
0900-0955	随机词汇	15分钟	40分钟
1005-1025	听记数字	200秒	10分钟
1035-1105	听记数字	300秒	15分钟
1115-1200	听记数字	550秒	25分钟
1200-1300	午饭		
1300-1320	快速扑克牌(A1)	5分钟	5分钟
1330-1350	快速扑克牌(B1)	5分钟	5分钟
1400-1420	快速扑克牌(A2)	5分钟	5分钟
1430-1450	快速扑克牌(B2)	5分钟	5分钟
1600-1800	闭幕式		

在赛事开始之前，我们还需要估算自己的比赛总分和各个项目的得分，制定比赛的目标，使自己有一定的心理预期。笔者通常会制定底线成绩、平均成绩和最佳成绩三个目标。有些选手在达不到心理预期的成绩后，就会焦急不安，影响后面的发挥，这是由于对自己抱有太高的期望，无法接受现实和预期的落差导致的。即使是最强的选手也无法保证自己可以十个项目都发挥自己最高的水平，更多时候，只要总分上能够达到自己的平均成绩就已经非常了不起了，一场比赛的成绩只要少于三个项目低于预期都属于正常情况。

和估算分数相对应的，我们还需要找齐比赛时需要使用的地点，并规划好每一个项目使用哪些地点，按顺序排好，这样在比赛的时候，我们才能通过地点的位置快速推断我们的记忆状态，以及还有多少信息需要记忆。为了尽可能地发挥出自己的最高水平，一场比赛中，每一个地点只能使用一次，且赛前3～7天，就要进行空桩处理，将地点闲置，尽可能遗忘地点上的内容。这一时期，仅做一些简单的联结训练即可。

第二节　比赛阶段

有些选手第一次比赛的时候会因为紧张等原因，无法发挥出正常的水平，更有甚者会出现发抖等状况，笔者第一次参加记忆比赛和第一次在赛场上20秒内完成扑克牌记忆时，都曾出现无法抑制地发抖的状况。关于这一点，我们一方面要调节自己的心理，让自己放松下来，不要想万一失败会有什么样的后果；另一方面则要通过参加尽可能多的比赛来习惯比赛的节奏，这样就不会怯场了。一般来说，选手刚到赛场时，可能还有一些手足无措的感觉，但是参加完第一个比赛项目之后，就能开启比赛节奏，进入比赛状态了。

每个项目比完之后，会有一定的休息时间，在这个时间段，选手要抓紧时间去洗手间，特别是长时项目开始之前。解决生理问题之后，我们一般还会通过和其他选手核对答案的方式，确认自己方才作答中无法确定的答案，以预估自己的分数，调整接下来的战略安排。但当选手给出的答案和我们印象并不相同的时候，切勿立刻认定是自己出现错误，应该多向几个选手进行询问，再确定出现错误的自己还是对方。

虽然我们需要大概预估自己的答案，决定自己接下来要采取偏保守还是偏激进的记忆节奏，但是切勿因此而影响了自己的心情，无论在场上遇到什么样的情况，都要最大程度地保持平静，无喜无悲地作出最理智的判断。比赛中确实会上演很多绝境反杀的戏码，但那更多是无心插柳的结果，刻意追求往往会适得其反。

在休息时间的最后5分钟，我们需要回到位置上，拿出手头的训练资料进行训练，找到平时的训练节奏，争取能在比赛中发挥出训练的水平，不会由于不适应过快或是过慢的节奏而以杂乱无章的速度记完整个项目，最终完全无法流畅地作答。这个时候，前面的项目中已经使用过的地点，此时就可以发挥余热了。我们可以使用在比赛中已经使用过的地点进行带桩联结。

在每个项目的一分钟准备时间里，我们可以回忆将要使用的地点，倘若要使用的地点数量不多，则从头到尾将每个地点回忆一遍，倘若要回忆的地点较多，则回忆自己将使用哪几组地点。等到剩下最后10秒的时候，我们需要停下回忆地点的工作，将注意力放在开头的第一个地点上，这样一来，裁判的口令一响，我们就能快速进入记忆状态。

每个项目开始后，最为关键的就是开头部分几个地点的记忆。我们在记忆前几个地点的过程中，会逐渐将记忆速度从零加速到平均速度，假设起步太仓促，记忆的节奏将会完全乱掉，搞不好就会出现完全无法回忆起内容的情况。对于长时项目来说，我们可以立刻停下，调整之后再重新开始，影响相对较小。对于短时项目来说，我们常常会陷入不愿意接受低于平时的分数，而不肯停下来重新开始的困境。诚然，对于短时项目来说，停下来重新开始就注定无法发挥出最佳水平了，但是倘若不停下来，后果将会更加难以承受。倘若起步太慢，记忆者往往无法加速至最佳的记忆速度，导致规定时间的记忆量低于预期。

在5分钟项目中，最后一分钟又被称为二次加速阶段。选手在这一时间可以稍微提高记忆速度进行冲刺，争取在最后时刻记忆更多的内容。但是往往到了这一阶段，会出现由于不懂得如何加速，加速记忆的内容完全记不住或速度根本提不起来的状况。这种加速的能力，也是需要在平时的训练中打磨的。

每个项目结束之后，裁判就会进入改卷状态，随后会在网站上进行公示。一般来说，当日比赛的成绩一定会在第二天比赛之前完全公布，但具体几点能完全公布则并无法给出明确的答案。改卷时间会受到选手的数量、裁判的数量等多方面的因素影响，有时甚至凌晨3点才能结束改卷。因此，选手不必等到成绩公示之后再休息。到了中午和晚上的休息时间，若成绩没有公示，就不要再继续等待了，及时休息，调整自己的状态。比赛期间应该保持清淡的饮食，不要喝酒及暴饮暴食。

有些选手由于过于亢奋会出现失眠的状况，第二天起来之后担心自己会没有状态比赛，但根据笔者多年的经验来看，即使晚上没有休息好，我们也不需要给自己这方面的心理负担，亢奋的状态使我们在比赛的过程中，不易感受到疲惫，往往不会影响比赛的正常发挥（但这并非鼓励选手们比赛时期不休息）。

成绩出来之后，有些选手会发现得分与自己的估算有很大出入。我们不排除裁判改错的可能性，但是更多的时候，是由于选手错误估算了自己的成绩或是不清楚计分规则导致的。由于人手问题，组委会通常会对复查次数进行限制，避免过多不必要的复查消耗人力、物力。因此，我们可以通过与其他选手核对答案来判断是否是自己的估算出现问题，再决定是否要使用手中的复查机会。

在任何赛制中，快速扑克牌项目都是最后一个比赛项目，它也常常被称为决定比赛心情的项目。即使前面的项目都没有比好，只要在这个项目上有出色的发挥，虽不说前面失利带来的负面情绪都能一洗而空，也能使选手进入一定时间的亢奋期。但倘若在快速扑克牌中发挥失利，即使前面的项目发挥得再好，也会感受到深深的失落。

而快速扑克牌本身就是一个非常考验心态的项目，第一轮倘若失利将会给自己带来很大的心理压力。第二轮是应该坚守平时的记忆速度，还是选择用更慢的速度去记忆，确保得到一定的分数？这一直都是非常折磨人的问题。有些时候，明知自己没有记稳，但在焦虑情绪的影响下，我们的双手还是义无反顾地拍停了计时器。两轮都发挥失常带来的沮丧感，无须多言。

笔者认为，是否选择平时的记忆速度，一方面取决于自己平时训练时全对的概率能否给予自己足够的信心；另一方面也取决于现场的局势，倘若我们是为了在扑克牌项目上取得突破，尝试打破世界纪录，那即使成功概率再低，我们也应该尝试。倘若我们需要依靠扑克牌项目上获得的分数来拉高我们的总分，帮我们拿下全场前三名或是拿到某些称号，那我们可以选择牺牲追求更高总分的可能性来保稳。想清楚这一点，我们就能够平静地判断自己应该这么做了。

在比赛结束之后，裁判还会对成绩进行复查，特别是一些较为突出的成绩，需要进一步判断成绩是否有效。对于单项成绩与选手综合实力相差过大的情况，裁判也需要进一步核实，尽可能避免发生舞弊的行为。胡嘉臻在2018年WMSC的中国区总决赛上，原本以135分的原始分打破了15分钟人名头像的中国纪录，并在快速扑克牌项目中选择保稳的方式，保住了少年组总分的第三名，却在颁奖前夕的复核中，由于错别字的缘故，再次被扣除了人名头像5分的原始分，虽然130分的原始分依旧打破了中国纪录，但是总分却掉到了少年组的第四名，与奖杯失之交臂。直到比赛结束前的最后一刻，一切变数皆有可能发生。

此外还需要注意的是，选手每个项目的项目分往往都是采用四舍五入取整的方式呈现的，但在计算总分的时候，则会保留小数点后的数字，因此有时会出现网站上公示的总分与十个项目的项目分相加有几分差距的现象，我们要以合计后的总分为最终结果。

第三节　赛后阶段

每一次比完赛之后，我们需要一定的时间来消化自己的情绪，无论是成功的喜悦还是失利的遗憾，在经历了几天的放松阶段（这个时候可以全身心地投入旅行的快乐中）之后，将其通通放下，转身投入下一阶段的生活。

我们要对这次比赛进行总结，将比赛中发现的、自己平时没注意到的细节记录下来。这些宝贵的经验将会成为我们继续前进的最大助力，帮助我们提高自己的记忆水平，并在下一次的比赛中，获得更好的成绩。对于第一年参赛的选手来说，每经历一场赛事，综合实力都会不知不觉间完成一次蜕变，成绩上涨数百甚至上千分。

由于印象过于深刻，在比赛中储存在地点上的信息可能短时间内无法忘记，我们可以通过使用这些地点来记忆其他信息，将先前的内容覆盖，争取早日使它们能够正常使用。

第四节　比赛局势和策略

在比赛之前，我们要先想清楚自己参赛的目的，是为了拓展见识、拿到大师证书、获得单项排名、刷新世界纪录还是拿到全场冠军。知道自己为什么要参赛，才能更清楚自己在比赛中收获了什么。对于同时想要冲击总分和单项名次的选手来说，清楚获得哪一样对自己来说更为重要，才能够根据现场的局势，做出事后不会后悔的决定。

笔者将记忆比赛分为三种不同的局势：

第一种是考试局。这种局势是指选手在本次比赛中尚不具备争夺前三名的能力，这样的局势更像是考试，目的是检验自己能够发挥出几成水平，考取记忆大师证书或是刷新世界排名。此时，对手只有自己。这样的局势心理压力最小，处于这种局势的选手也最多。

第二种是悬念局，悬念局是指自己有能力争夺总分排名，且目前的总分与其他选手相较不远，或稍微领先，或些许落后。此时选手压力较大，每个项目的发挥都非常关键，一不小心，就会被后面的对手追上，而自己也有超越前面选手的可能性。

第三种是必胜局，这种局势在大型赛事中较为少见，常出现在城市赛中。即自己以巨大的分差领先第二名，无论如何也不会被追上，此时心理压力也比较小。

这三种局势笔者都曾经历过，下面将依次分享面对不同局势的时候，应该采用什么样的方法来应对。

考试局中出现较大心理压力的状况，在参赛经验较少的新选手中容易出现，往往表现为感觉比赛和平时训练完全不一样，找不到训练的感觉，导致记忆速度和平时有出入，或是过快，或是过慢。记得过快容易飘桩，从而出现回忆不起来的状况，记得过慢，则因为自己并不习惯这样的速度，导致看起来好像记得很稳，但缺乏对记忆时间的管理，浪费了很多原本可以记忆更多信息的时间。针对这一点，我们只能从平时的训练入手，只有平时练习的时候找到感觉，清楚自己按照什么样的节奏记，肯定可以全对，记住这种感觉，并且在比赛中调动出来，才有可能在赛场上发挥平时的水平。所以平时的练习不要自欺欺人，认为即使没有全对，但只要错得不多，就认为自己可以全对了。这种做法的缺陷将在比赛中暴露无遗，对自己的记忆节奏没有把握将非常影响自己的心态。

此外，在比赛上想要十个项目都100%发挥自己的水平，非常难。一定要给自己设置最低的心理预期，并允许自己在三个项目中表现不如预期，这样比赛的时候会心情轻松很多。如果前面的项目表现失常了，千万不要想着下一个项目多记一点，去弥补前面的失误，比完的项目就不要再去想了，做好后面的项目就好了，在接下来的项目中调整好心态，尽可能发挥出平时的水平，心情就会变好，如果不断想弥补过失，反而容易全线崩盘。

面对第二种局面，心态至关重要，笔者经历过一开始一直领先，结果最后被翻盘的局面，也经历过逆袭的局面。无论何时，我们都不要放弃希望，就算和前面的对手差距较大，但只要在千分之内，都有可能赶上。稍微领先的时候，则要学会忘记，忘记后面有人在追赶你，不要去想他们下一个项目能拿多少分。当坐在赛场上之后，你其实已经没有办法去提升自己的水平了，只能做好自己，尽可能发挥自己的实力。倘若因为太想赢得比赛或追求一个单项的成绩（如破世界纪录）而产生执念，则更容易因此而影响自身原本实力的发挥，找不到平时的记忆节奏。要是最终被反超了，我们要承认对手的能力和心理素质，要输得心服口服，不要抱怨自己前面没有发挥好，因为比赛本身就是记忆水平、心理素质和现场状态的综合考验。即使赢了，也要不骄不躁，因为单场比赛的胜利，并不代表对方的实力不如你。

在这一局势中，笔者会更倾向于保守发挥，在准确率起伏较大的项目中，追求更高的正确率，而非选择拼概率，尝试尽可能高的分数。当然，在比赛的过程中，倾向于冲一把、拼概率，其最终成功的也大有人在。

笔者想强调的是，无论我们的水平如何，都要敬畏对手，不管对手的实力怎么样，都不可以轻视他，每一个选手都是从初学者开始练起的。

最后还要讲下赛后的心态，倘若我们全线崩盘，也不需要留下阴影，最重要的是找到崩盘的原因，避免再次出现同样的情况。待到下一场比赛的时候，如果我们很清晰地意识到过去的崩盘因素已经被消除了，自己不会再犯一样的错误，那过去的失利并不会再对我们本次比赛造成影响。

倘若我们获得胜利，则要放平心态，不应该觉得自己曾经是优胜者，如果下一次输了比赛会很没面子，想要拿下胜利，就要做好接受失败的准备，每位选手都有获胜的可能。每一年的赛场上，都会有黑马横空出世，都有新的世界纪录诞生。我们绝不能用过去的眼光来看待现在的记忆比赛，人们的记忆潜力着实难以估量。

笔者亲身经历过在一场比赛中得到好成绩，认为自己不需要怎么训练也能取得很好的成绩，结果在下一场比赛中被翻盘的事情。单场比赛的胜负，或许我们当时会看得很重，但是放在人生的长河中，根本不算什么，所以我们要时刻告诉自己要胜不骄、败不馁。但这并不是说赢了不可以高兴，输了不应该伤心，只是心情波动过后，要忘掉这些荣辱，开始新的旅程。

写在最后

当看完 *MEMORY GAMES* 的纪录片时，给我印象最深的是美国选手尼尔森说的这样一段话："在世界记忆锦标赛上，我总是失望而归，这次我有了很多感触。只是因为我本来可以更加努力训练，我本来可以做得更好，我想做得更好。无论是我的职业还是现实生活，我总是很难去克服很多问题。因为我最初的时候，只是纯粹有激情，我还有其他的事情要做，我做这件事只是因为我喜欢，不为别的。所以我做了，参加比赛，取得胜利。那时真的太棒了。但是现在，随着年龄的渐长，我放弃了一切，从事记忆方面的全职工作。我是四次美国记忆比赛的冠军，拿到世界冠军，并不一定会扩大我的事业范围，因此我很难作出决定：我到底要把时间用于事业还是训练？两样我都很喜欢，但是带来的回报，不一定相辅相成。"

当我还在高中念书的时候，就开始练习记忆法了，那时候并不是因为什么其他的原因，只是觉得它很酷。每天中午我都会在宿舍里练习在尽可能短的时间内记忆扑克牌，那时候最快乐的事情就是看到记牌的速度不断加快。我至今还能记得每一次突破的喜悦。尽管我有许多其他的事情要做，但我还是在练习和比赛之中投入了所有的激情。就像纪录片里面妍佳所说的那样："我渴望比赛，我渴望突破自己，取得胜利。"

但当我长大以后，比赛得到的头衔让我变得飘飘然，比赛奖金的多少成为我是否参赛的衡量标准，记忆法似乎成为我赚钱的工具。我想要在训练当中投入纯粹的热情，但是我做不到了。曾经的我并不会去想通过练习可以得到什么好处，但是现在练习和生活似乎成为互相矛盾的存在。有时候我会问自己，练习可以给我带来什么？为什么我要做投入产出不成正比的事情？我似乎忘记了初心，忘记了记忆法带给我的快乐。

感谢尼尔森让我认识到这一点，虽然国内很多选手在取得一定的成就之后，就选择不再参赛而是去从事记忆法相关的工作，但我还是希望看到这本书的读者中，会有人可以怀着最初的热爱一直坚持下去。

最后感谢全球记忆运动联盟执行主席方子杰先生对该书提供的技术支持，以及胡镇财、黄丽璇、周莹、陆伟、陈征铌、李杨、方彦卿、张智宝、张兴荣、甘考源、邱维、张麟鸿、洪明志、徐然、刘懿欧等先生和女士在我创作过程中所提供的支持和帮助。

胡嘉桦

2022年2月